焊接机械基础

主　编　顾鹏展

電子工業出版社
Publishing House of Electronics Industry
北京 · BEIJING

内 容 简 介

本书主要介绍国家标准关于机械制图的基本规定、制图相关理论知识与制图基本方法，以及机械基础相关理论知识。主要教学内容包括以投影法为基础的投影作图，零件的表达方法，装配图及焊接图的绘制与识读，以及机械传动、常用机构和轴系零部件。选材少而精，重点突出，主次分明，通俗易懂，采用最新的国家标准，理论联系实际，便于教学，利于自学，符合中职教育教学特点。

本书既可作为中等职业院校机械加工类相关专业的课程教学用书，也可作为相关行业从业人员的培训和参考用书，尤其适合焊接行业从业人员参考。

图书在版编目（CIP）数据

焊接机械基础 / 顾鹏展主编. —北京：电子工业出版社，2017.11
ISBN 978-7-121-31948-8

Ⅰ. ①焊… Ⅱ. ①顾… Ⅲ. ①焊接工艺 Ⅳ. ①TG4

中国版本图书馆 CIP 数据核字（2017）第 139696 号

策划编辑：张　凌
责任编辑：张　凌　　　　特约编辑：王　纲
印　　刷：涿州市般润文化传播有限公司
装　　订：涿州市般润文化传播有限公司
出版发行：电子工业出版社
　　　　　北京市海淀区万寿路 173 信箱　　邮编：100036
开　　本：787×1 092　1/16　印张：8.75　字数：224 千字
版　　次：2017 年 11 月第 1 版
印　　次：2024 年 8 月第 10 次印刷
定　　价：24.50 元

凡所购买电子工业出版社图书有缺损问题，请向购买书店调换。若书店售缺，请与本社发行部联系，联系及邮购电话：（010）88254888，88258888。

质量投诉请发邮件至 zlts@phei.com.cn，盗版侵权举报请发邮件至 dbqq@phei.com.cn。

本书咨询联系方式：（010）88254583，zling@phei.com.cn。

前　言

随着现代科技的发展，新技术不断推陈出新，焊接加工方法和手段越来越多，对焊接加工技术人员的要求也越来越高。为了适应职业院校对机械加工类（焊接）专业的教学要求，全面提高教学质量，培养具有专业知识和实践能力的新一代机械加工技术人员，使他们对焊接相关知识有比较全面的了解，熟悉焊接所需的基础内容，提高分析和解决相关问题的能力，同时为了满足广大焊接加工行业在职人员的培训需求，特编写此书。

本书在内容选材上更加符合当前技能型人才培养的需要，更好地反映新知识、新技术、新设备、新材料。同时结合教学改革要求，在教材中融入先进的教学理念和教学方法，注意将抽象的理论知识形象化、生动化，注重加强实践性教学环节，以及构建"做中学"、"学中做"的学习过程，充分体现中职教学特色。在编写中，以够用为度，适用为主，应用为本。使学生毕业后既能胜任岗位要求，又能适应焊接加工行业的变化和发展需求。

本书选材少而精，重点突出，主次分明，通俗易懂，采用最新的国家标准，理论联系实际，便于教学，利于自学，符合职业教育教学特点。

本书主要内容包括视图的基本原理，零件的表达方法，装配图和焊接图的绘制与识读，以及机械传动、常用机构和轴系零部件。

本书适用于 100 学时的教学，学时分配建议如下。

章　节	内　容	学　时
绪论	绪论	1
第 1 章	视图的基本原理	28
第 2 章	零件的表达方法	24
第 3 章	装配图和焊接图	10
第 4 章	机械传动	12
第 5 章	常用机构	12
第 6 章	轴系零部件	10
机动		3～7

本书由南阳技师学院顾鹏展主编（绪论、第 3 章），参加编写的有田志红（第 1 章、第 2 章）、徐鹏华（第 4 章、第 5 章）、武国新（第 6 章）。本书在编写过程中得到了有关单位的大力支持和帮助，编者参考了许多专家学者的著作和文献，在此，一并对相关作者表示衷心感谢。

本书既可作为职业院校机械加工类相关专业的教学用书，也可作为相关行业从业人员的培训和参考用书，尤其可供焊接行业从业人员使用。

编　者

目　　录

第二单元 机械基础

绪　论

根据投影原理、标准或有关规定表示的工程对象，并有必要技术说明的图，称为图样。在制造机器和部件时，要根据零件图加工零件，再按照装配图把零件装配成机器或部件。如图 0-1 所示的千斤顶，它利用螺旋传动来顶举重物。图 0-2 所示是千斤顶装配图，根据装配图中的序号和明细栏，对照千斤顶立体图可看出，该部件由五种零件和三种标准件装配而成。图 0-3 是千斤顶中的顶块零件图。装配图是表示组成机器或部件中各零件间的连接方式和装配关系的图样，零件图是表达零件结构形式、大小及技术要求的图样。根据装配图所表示的各零件间装配关系和技术要求，把合格的零件装配在一起，才能制造出机器和部件。

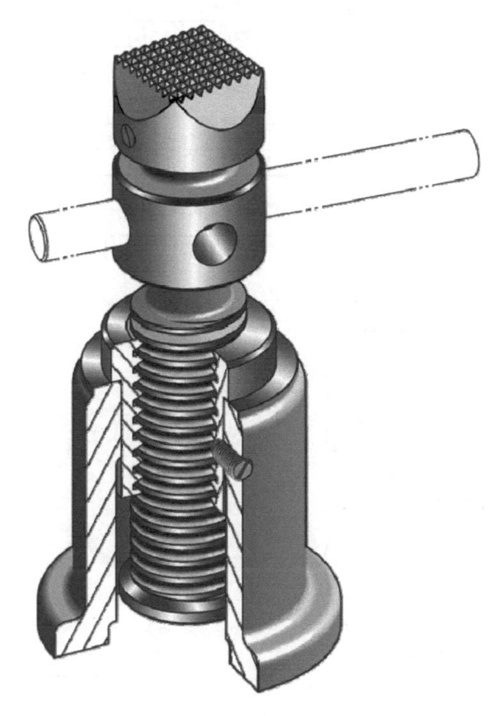

图 0-1　千斤顶

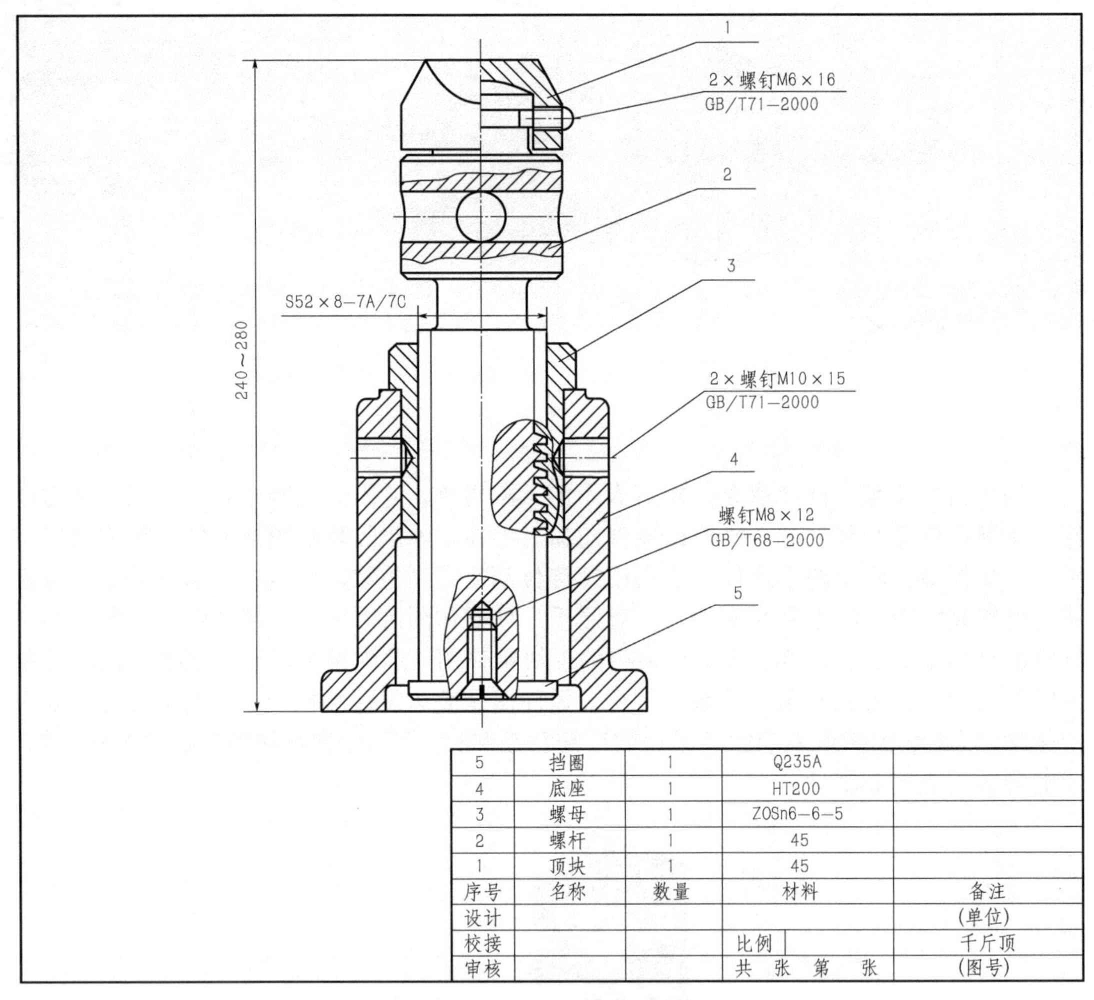

图 0-2　千斤顶装配图

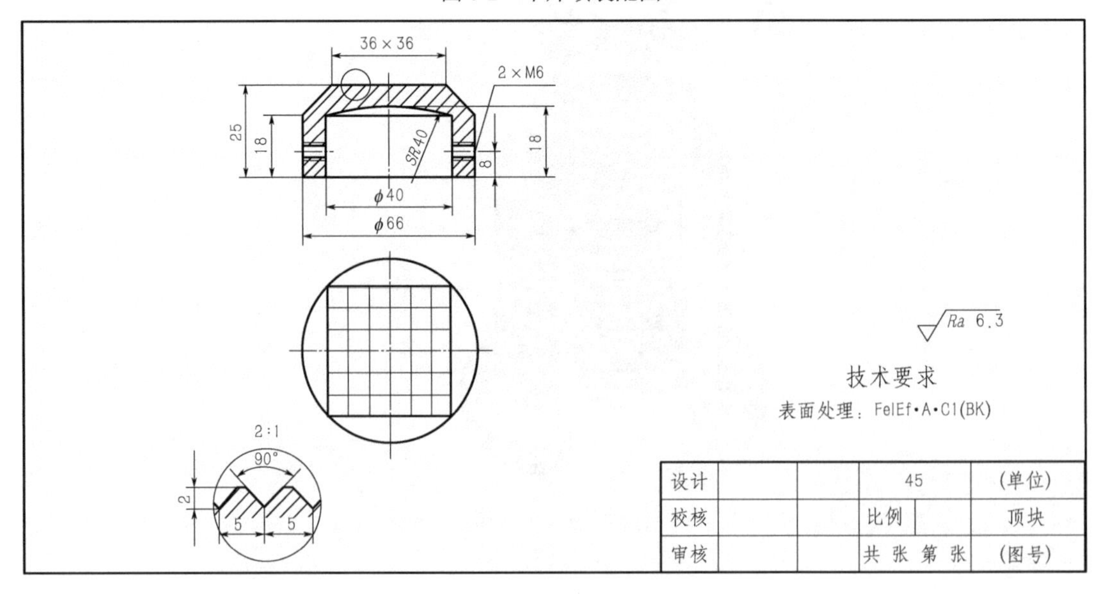

图 0-3　顶块零件图

在日常生活和生产中，我们时时刻刻都在和机器打交道。机器的种类很多，其结构、性能和用途各不相同，但是组成机器的机构、零件种类却有限。因此我们不仅要会制造机器，还要通过研究零件和机构的结构、机构的运动规律，从而为正确选择零件、把握机械传动特点、更好地使用机器做准备。

要想做到以上两点，必须学习识读和绘制机械图样的原理和方法。因为在现代工业生产中，机械、化工或建筑工程都是根据图样进行制造和施工的。设计者通过图样表达设计意图；制造者通过图样了解设计内容，通过技术要求来组织制造和指导生产；使用者通过图样了解机器设备的结构和性能，进而操作、维修和保养。因此图样是交流传递技术信息、思想的媒介和工具，是工程界通用的技术语言。

本课程把制图知识作为基础，在此基础上，学习机械零部件及机器运行原理，从而使两者连贯起来，为学习后续的专业课程及发展自身的职业能力打下必要的基础。尤其本课程加入了焊接图相关知识，为焊接专业的学习提供了必要的内容储备。

本课程的主要内容包括制图基本知识与技能、正投影作图基础、机械图样的表示法、零件图和装配图、焊接图的识读与绘制、零部件测绘、机械传动、常用机构和轴系零部件等内容。它是一门焊接专业的基础课程。通过学习本课程应达到以下基本要求：

（1）能识读中等复杂程度的零件图，包括想象出该零件的结构形状，了解图样中有关技术要求，如表面粗糙度、极限与配合、代号与含义，了解零件测绘的一般方法。

（2）能识读中等复杂程度的部件装配图和焊接图，包括了解装配图与焊接图的画法规定和特殊表示方法，读懂装配图和焊接图，能拆画零件图，绘制简单的装配图和焊接图。

（3）能掌握机械原理的初步知识，机械传动、常用机构、零件的工作原理。

（4）熟悉常用零件的性能、分类、应用和相关的国家标准，能对一般机械传动进行简单的分析和计算。

第一单元

机械制图

视图的基本原理

1.1 制图基本规定

图样的绘制必须遵守标准的规定，才能满足生产、管理的需要和便于技术交流，我国制定并发布了一系列国家标准，简称“国标”，包括强制性国家标准（代号“GB”）、推荐性国家标准（代号“GB/T”）和国家标准化指导性技术文件（代号“GB/Z”）。例如《GB/T 17451—1998 技术制图 图样画法 视图》即表示技术制图标准中图样画法的视图部分，发布顺序号为 17451，发布年份是 1998 年。本节介绍国家标准《技术制图》和《机械制图》中有关的基本规定。《机械制图》标准适用于机械图样，《技术制图》标准则对工程界的各种专业图样普遍适用。

1.1.1 图纸幅面和格式（GB/T 14689—2008）

1．图纸幅面

绘制图样时，应优先采用表 1-1 中规定的五种基本幅面尺寸，分别用 A0、A1、A2、A3、A4 表示。必要时，可以按规定选用加长图纸的幅面，加长幅面的尺寸由基本幅面的短边成整数倍增加后得出，而基本幅面的长边尺寸保持不变。

2．图框格式

图纸上限定绘图区域的线框称为图框。在图纸上必须用粗实线画出图框，图样绘制在图框内部。其格式分为留装订边和不留装订边两种，如图 1-1 和图 1-2 所示。同一产品的图样只能采用一种图框格式。

表 1-1 图纸幅面及图框格式尺寸

<table>
<tr><th rowspan="2">幅面代号</th><th>幅面尺寸</th><th colspan="3">周边尺寸</th></tr>
<tr><th>B×L</th><th>a</th><th>c</th><th>e</th></tr>
<tr><td>A0</td><td>841×1189</td><td rowspan="5">25</td><td rowspan="3">10</td><td rowspan="2">20</td></tr>
<tr><td>A1</td><td>594×841</td></tr>
<tr><td>A2</td><td>420×594</td><td rowspan="3">10</td></tr>
<tr><td>A3</td><td>297×420</td><td rowspan="2">5</td></tr>
<tr><td>A4</td><td>210×297</td></tr>
</table>

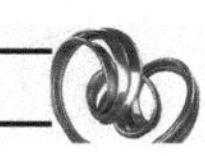

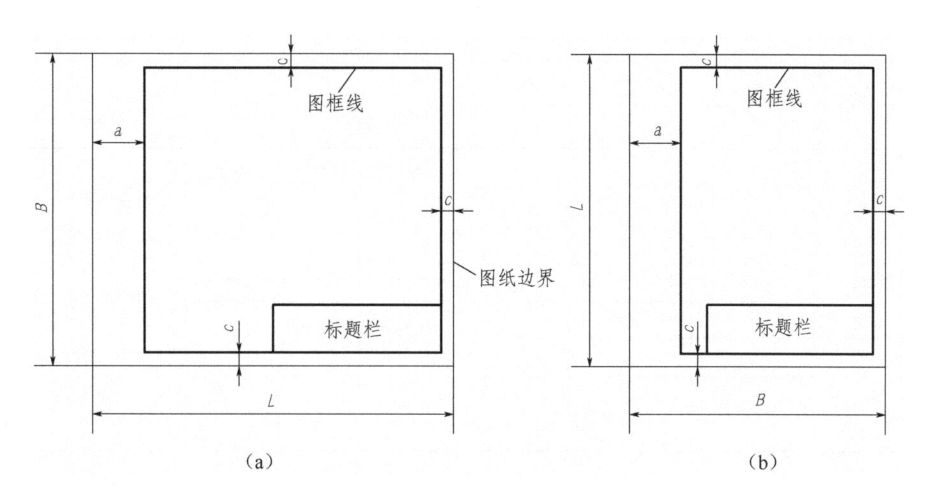

图 1-1　留装订边的图框格式

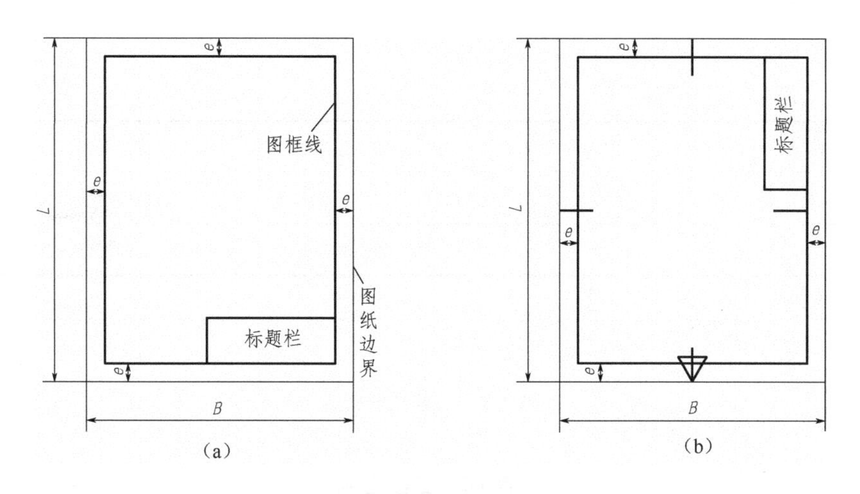

图 1-2　不留装订边的图框格式及对中、方向符号

为了复制和缩微摄影的方便，应在图纸各边长的中点处绘制对中符号。对中符号是从周边画入图框 5mm 的一段粗实线，如图 1-2（b）所示。当对中符号在标题栏范围内时，则伸入标题栏内的部分予以省略。

3. 标题栏

标题栏一般位于图纸右下角，如图 1-1、图 1-2（a）所示，其外框用粗实线绘制，内部图线用细实线绘制。其格式、内容和尺寸按 GB/T 10609.1—2008 规定绘制，如图 1-3（a）所示，教学中建议采用简化的标题栏［图 1-3（b）］。

标题栏中的文字方向为看图方向。如果使用预先印制的图纸，需要改变标题栏的方位时，必须将其旋转至图纸的右上角，此时，为了明确看图的方向，应在图纸的下边对中符号处，画一个方向符号（细实线绘制的正三角形），如图 1-2（b）所示。

1.1.2 比例（GB/T 14690—1993）

比例是指图样中图形与其实物相应要素的线性尺寸之比。当需要按比例绘制图样时，应从表 1-2 规定的系列中选取。

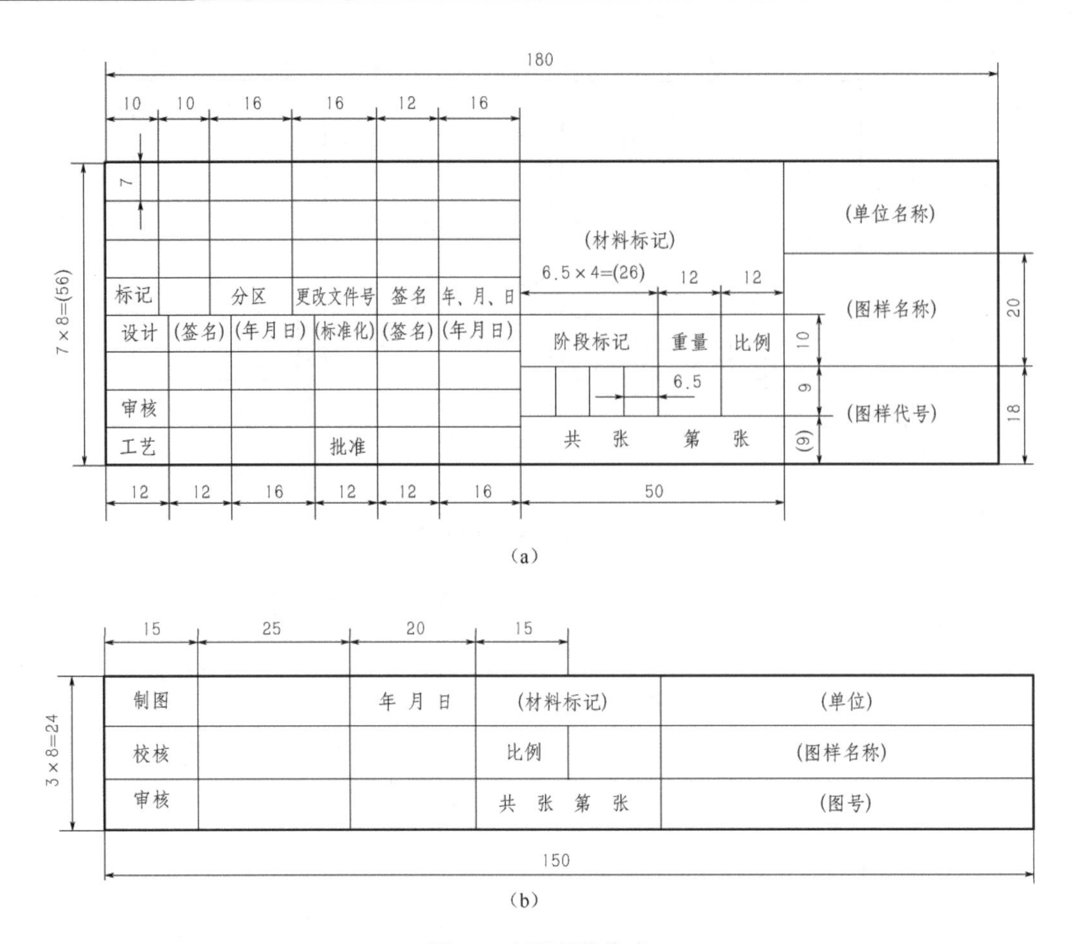

图 1-3 标题栏的格式

表 1-2 绘图比例

原值比例	1∶1					
放大比例	2∶1 (2.5∶1)	5∶1 (4∶1)	1×10^n∶1 (2.5×10^n∶1)	2×10^n∶1 (4×10^n∶1)	5×10^n∶1	
缩小比例	1∶2 (1∶1.5) (1∶1.5×10^n)	1∶5 (1∶2.5) (1∶2.5×10^n)	1∶10	1∶1×10^n (1∶3) (1∶3×10^n)	1∶2×10^n (1∶4) (1∶4×10^n)	1∶5×10^n (1∶6) (1∶6×10^n)

注：n为正整数，优先选用不带括号的比例。

为了看图方便，绘图时应优先采用原值比例。若机件太大或太小，则采用缩小或放大比例绘制。不论放大或缩小，标注尺寸时必须注出机件的实际尺寸。如图 1-4 所示为用不同比例画出的同一图形。

1.1.3 图线（GB/T 17450—1998、GB/T 4457.4—2002）

1. 图线的线型及应用

绘图时应采用国家标准规定的图线线型和画法。国家标准《技术制图 图线》（GB/T 17450—1998）规定了绘制各种技术图样的 15 种基本线型。在实际应用时，采用国家标准《机

械制图 图样画法 图线》（GB/T 4457.4—2002）中规定的 9 种图线，其名称、线型及应用示例见表 1-3 和图 1-5。

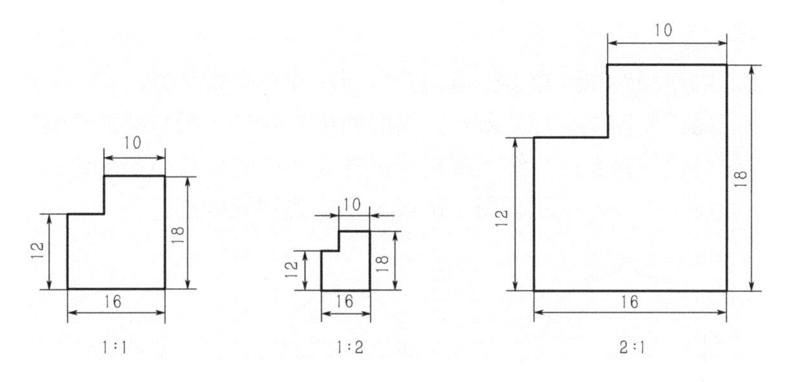

图 1-4　用不同比例画出的图形

表 1-3　图线的线型及应用（GB/T 4457.4—2002）

图线名称	图线型式	图线宽度	一般应用举例
粗实线	————————	粗	可见轮廓线
细实线	————————	细	尺寸线及尺寸界线 剖面线 重合断面的轮廓线 过渡线
细虚线	--------------------	细	不可见轮廓线
细点画线	——·——·——·——	细	轴线 对称中心线
粗点画线	——·——·——·——	粗	限定范围表示线
细双点画线	——··——··——··——	细	相邻辅助零件的轮廓线 轨迹线 极限位置的轮廓线 中断线
波浪线	～～～～～～	细	断裂处的边界线 视图与剖视图的分界线
双折线	——\/——\/——	细	同波浪线
粗虚线	--------------------	粗	允许表面处理的表示线

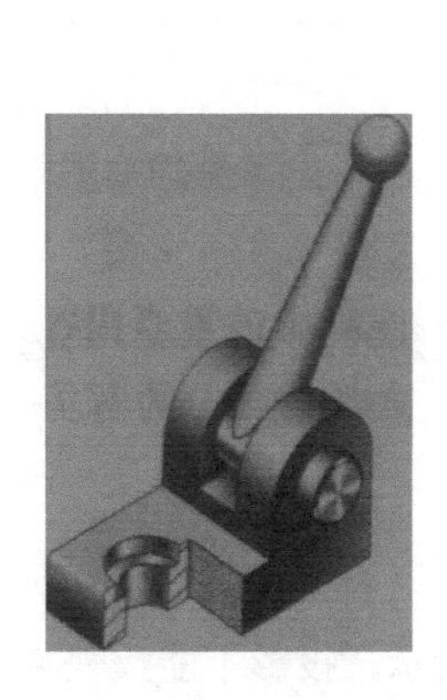

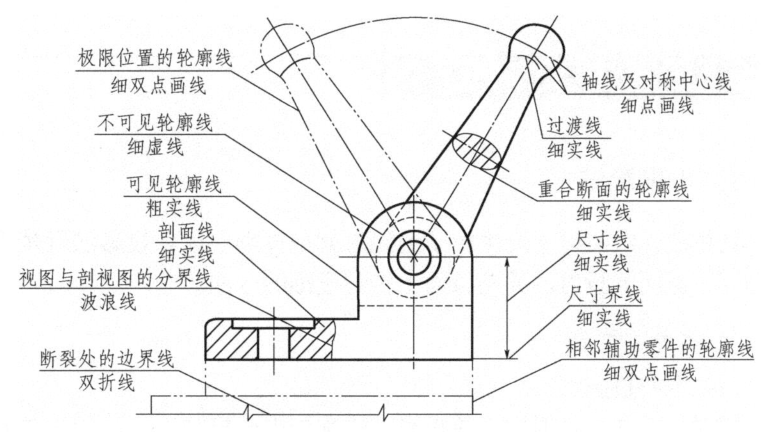

图 1-5　图线的应用

机械制图中通常采用粗、细两种线宽，粗、细线的比例为2∶1，粗线宽度优先采用0.5mm、0.7mm。为了保证图样清晰、便于复制，应尽量避免使用线宽小于0.18mm的图线。

2. 图线画法

（1）细虚线、细点画线和细双点画线与其他图线或自身相交时，应交于画或长画处，而不应该交于点或间隔，如图1-6（a）所示。画圆的中心线时，圆心应是长画的交点，细点画线两端应超出轮廓线3～5mm；当细点画线较短时（如小圆直径小于8mm），允许用细实线代替细点画线，如图1-6（c）所示。图1-6（b）所示为错误画法。

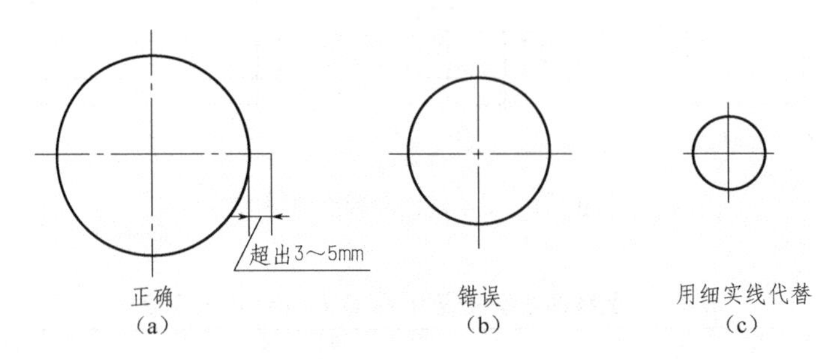

图1-6　圆中心线的画法

（2）细虚线直接在粗实线延长线上画出时，细虚线与粗实线之间应留出空隙，如图1-7（a）所示；细虚线与粗实线垂直相交时则不留空隙，如图1-7（b）所示；细虚线圆弧与粗实线相切时，细虚线圆弧应留出空隙，如图1-7（c）所示。

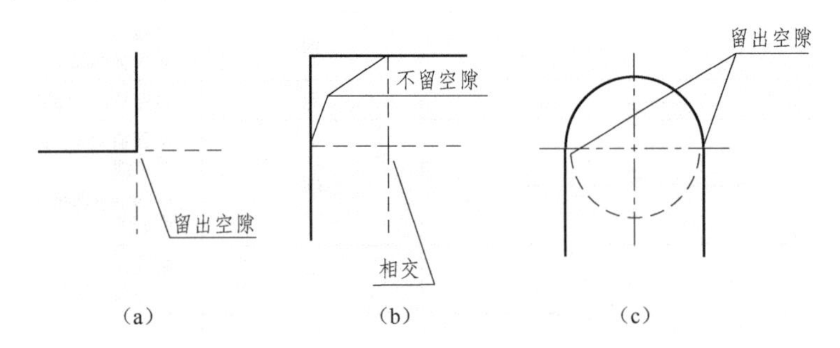

图1-7　细虚线的画法

1.2 投影法与三视图

1.2.1 正投影法

物体在光线照射下产生影子的现象就是投影现象。投影法就是投射线通过物体，向选定的面（投影面）投射，并在该面上得到投影的方法。

1. 投影法分类

（1）中心投影法

投射线汇交于投射中心的投影方法称为中心投影法，如图1-8所示，投影不能反映物体的真实大小。

（2）平行投影法

投射线互相平行的投影方法称为平行投影法。按投射线与投影面的相对位置不同，平行投影法分为斜投影法和正投影法两种。

① 斜投影法：投射线与投影面倾斜的平行投影法，如图 1-9（a）所示。

② 正投影法：投射线与投影面垂直的平行投影法，如图 1-9（b）所示。

根据正投影法所得到的图形，称为正投影图或正投影，简称投影。正投影法能准确表达物体的形状和大小，度量性好，作图方便。因此，机械图样主要是用正投影法绘制的。

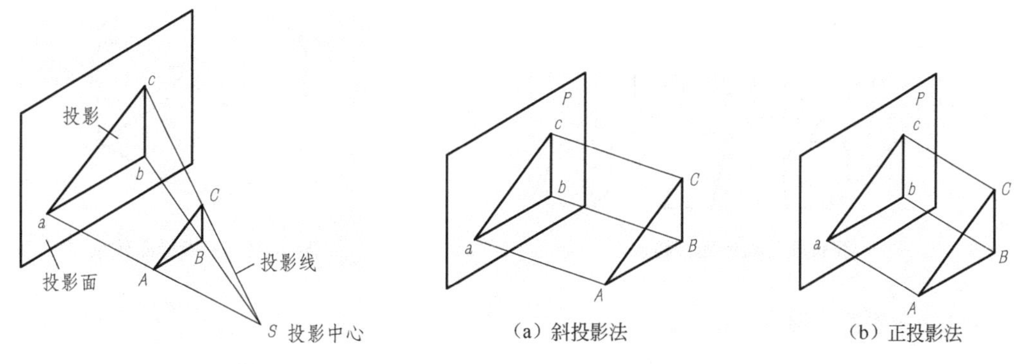

图 1-8　中心投影法　　　　图 1-9　平行投影法

2. 正投影法的基本性质

① 实形性：平面平行于投影面，其投影反映实形；直线平行于投影面，其投影反映实长，如图 1-10（a）所示。

② 积聚性：平面垂直于投影面，其投影积聚成一条直线；直线垂直于投影面，其投影积聚成一点，如图 1-10（b）所示。

③ 类似性：平面倾斜于投影面，其投影是原图形的类似形；直线倾斜于投影面，其投影仍为直线但小于实长，如图 1-10（c）所示。

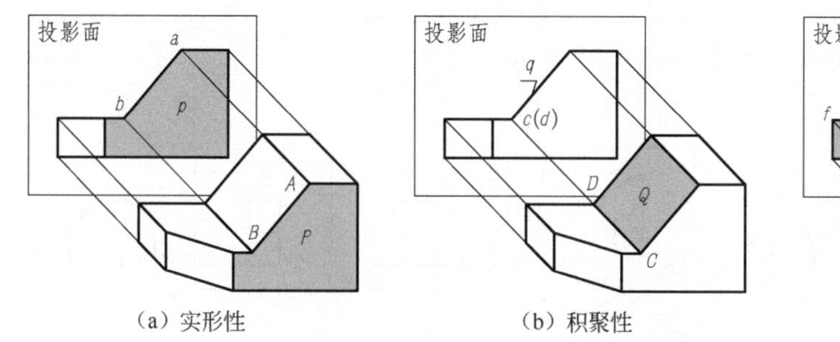

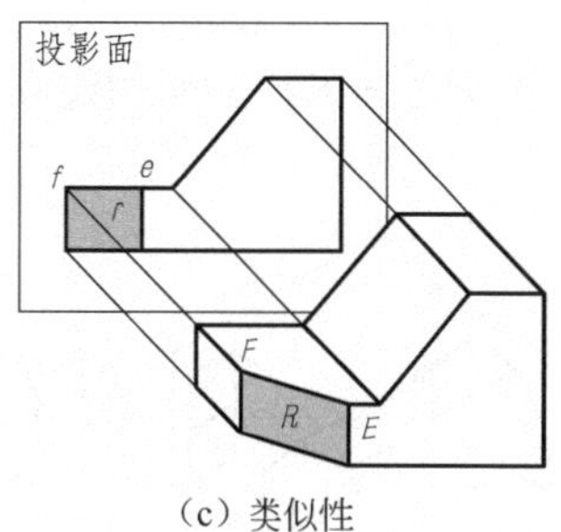

图 1-10　正投影法的基本特性

1.2.2　三视图的形成及其投影规律

用正投影法绘制的物体的正投影图称为视图。通常，一个视图不能准确地表示物体的完整形状，如图 1-11 所示的三个不同物体，向同一个方向投射得到的视图却相同。因此，要正确、完整、清楚地表达物体的形状，一般采用三个视图。

1. 三投影面体系的建立

如图 1-12 所示，由三个互相垂直的投影面构成三投影面体系，正立投影面（简称正面，用 *V* 表示）、水平投影面（简称水平面，用 *H* 表示）和侧立投影面（简称侧面，用 *W* 表示），三个投影面的交线 *OX*、*OY*、*OZ* 称为投影轴，分别代表空间的长、宽、高三个方向，三根投影轴汇交于一点 *O*，称为原点。

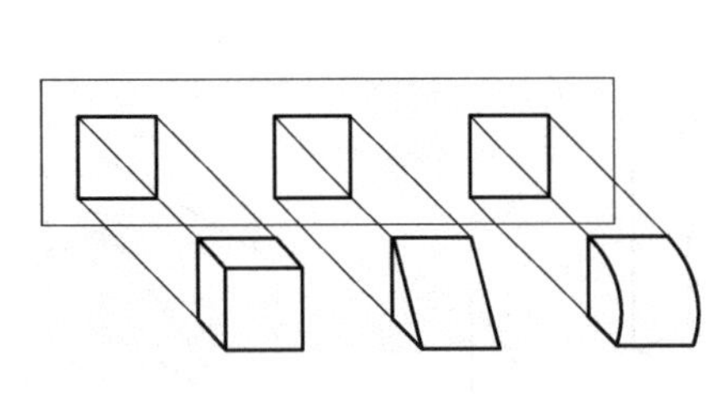

图 1-11　物体的正投影

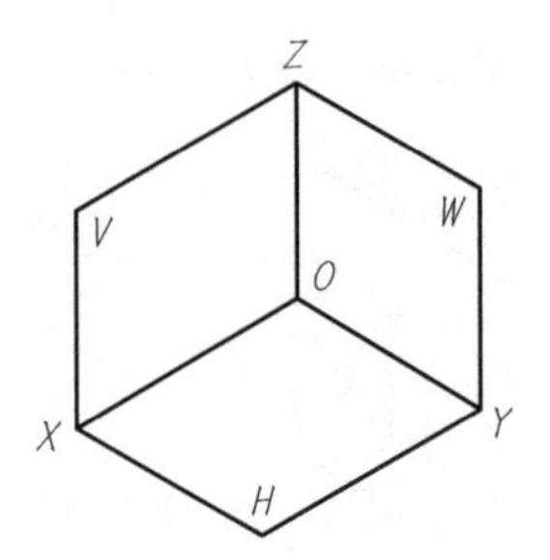

图 1-12　三投影面体系

2. 三视图的形成

将物体置于三投影面体系中，用正投影法分别向三个投影面投射，即得物体的三视图，如图 1-13（a）所示。三个视图的名称分别如下。

主视图：由前向后投射，在正面上得到的视图。

俯视图：由上向下投射，在水平面上得到的视图。

左视图：由左向右投射，在侧面上得到的视图。

为了绘图和读图方便，须将三个互相垂直的投影面展开摊平在同一个平面上。如图 1-13（b）所示，正面不动，将水平面和侧面沿 *OY* 轴分开，水平面绕 *OX* 轴向下旋转 90°，侧面绕 *OZ* 轴向右旋转 90°，与正面处在同一平面上，如图 1-13（c）所示。展开时 *OY* 轴一分为二，随 *H* 面旋转的用 OY_H 表示，随 *W* 面旋转的用 OY_W 表示。展开后，俯视图在主视图的下方，左视图在主视图的右方，三视图按照投影面展开的位置配置，不需要标注视图名称，画图时也不必画出投影面的边界，如图 1-13（d）所示。

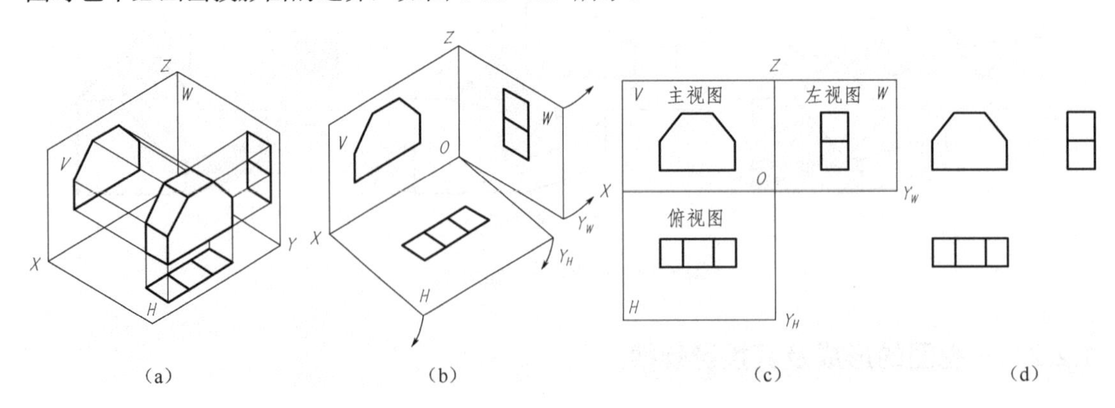

图 1-13　三视图的形成、展开、配置

3. 三视图的投影规律

物体有长、宽、高三个方向的尺寸。通常规定：物体的左右之间的距离为长，前后之间的距离为宽，上下之间的距离为高［图 1-14（a）］。每个视图只能反映两个方向的尺寸。如图 1-14（b）所示，主视图反映物体的长和高，俯视图反映物体的长和宽，左视图反映物体的宽和高。根据三视图的配置位置可以归纳出三个视图间的对应关系，即三视图的投影规律［图 1-14（c）］：

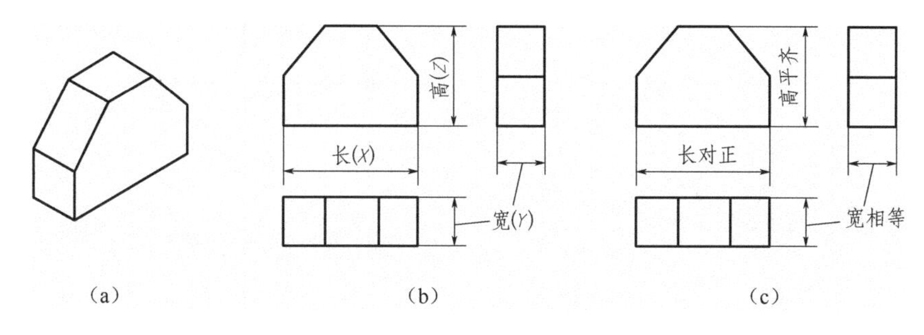

图 1-14　三视图的投影对应关系

① 主、俯视图同时反映物体的长度，长度相等且对正。

② 主、左视图同时反映物体的高度，高度相等且平齐。

③ 俯、左视图同时反映物体的宽度，宽度应相等。

“长对正、高平齐、宽相等”是三视图的重要特性，也是画图与读图的基本原则和方法。

4. 三视图与物体的方位对应关系

如图 1-15 所示，物体有上、下、左、右、前、后六个方位，其中：主视图反映物体的上、下和左、右的相对位置关系，俯视图反映物体的前、后和左、右的相对位置关系，左视图反映物体的前、后和上、下的相对位置关系。由三个投影面的展开过程可知：俯、左视图中靠近主视图一侧为物体的后方，远离主视图一侧为物体的前方。画图和读图时要特别注意俯视图与左视图的前、后对应关系，俯、左视图不仅宽度相等，还应保持前、后位置的对应关系。

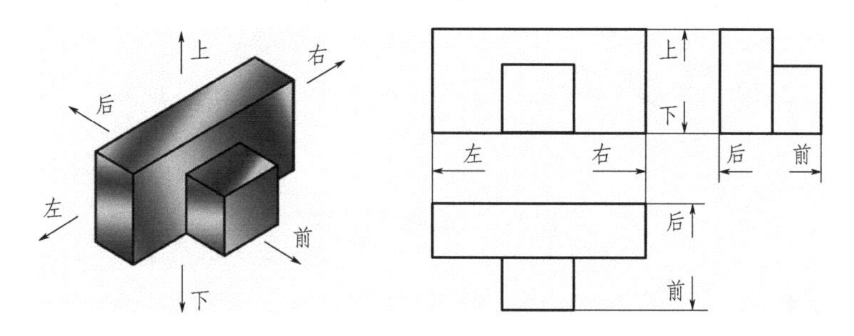

图 1-15　三视图的方位对应关系

1.2.3 线和面的投影特性

1. 点的投影规律

空间点用大写字母表示，如 A、B、C、…；对应的投影用小写字母表示，如 a、b、c、…。将点 S 分别向三个投影面投射（作垂线），即得点的三面投影（垂足），分别为 s（水平投影）、s'（正面投影）、s''（侧面投影），如图 1-16（a）所示。投影面展开后得到如图 1-16（b）所示的投影图，由投影图可看出点的投影规律：

① 点的正面投影和水平投影的连线垂直于 *OX* 轴。

② 点的正面投影和侧面投影的连线垂直于 *OZ* 轴。

③ 点的水平投影到 *OX* 轴的距离等于其侧面投影到 *OZ* 轴的距离（$ss_X=s''s_Z$）。

由此可见，点的投影仍符合“长对正、高平齐、宽相等”的投影规律。

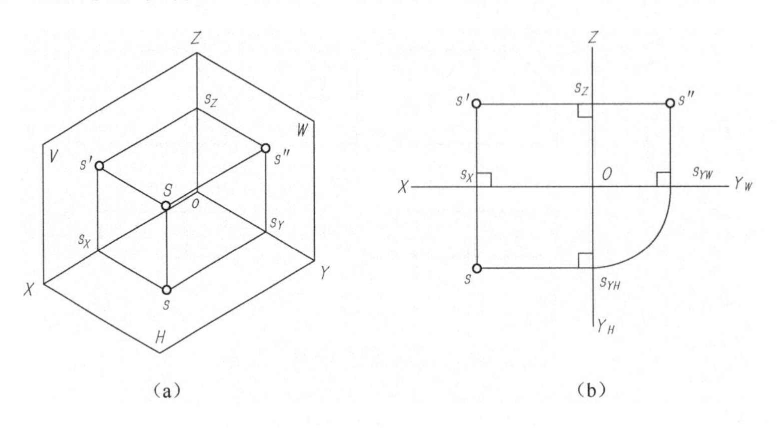

图 1-16　点的投影规律

若空间两点在某一投影面上的投影重合，称为重影点，如图 1-17 所示，*B* 点和 *A* 点是 *H* 面上的重影点。沿投射方向观察，一点可见，另一点不可见，通常规定在不可见点的投影符号外加圆括号。

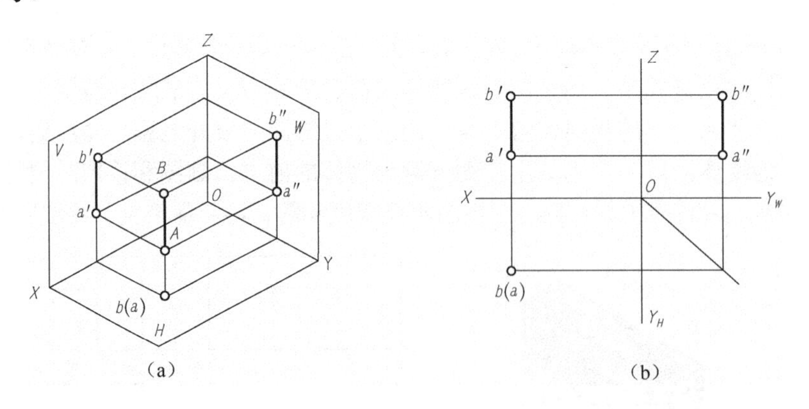

图 1-17　重影点的投影

2. 直线的投影

连接直线两端点的同面投影即得到直线的三面投影。

根据空间直线相对于投影面的位置不同，可将直线分为三种：投影面垂直线、投影面平行线、一般位置直线。

（1）投影面垂直线

垂直于一个投影面，即与另外两个投影面平行的直线称为投影面垂直线。垂直于水平面的直线称为铅垂线，垂直于正面的直线称为正垂线，垂直于侧面的直线称为侧垂线。投影面垂直线的投影特性见表 1-4。

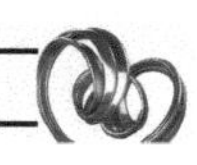

表 1-4　投影面垂直线的投影特性

铅垂线	正垂线	侧垂线
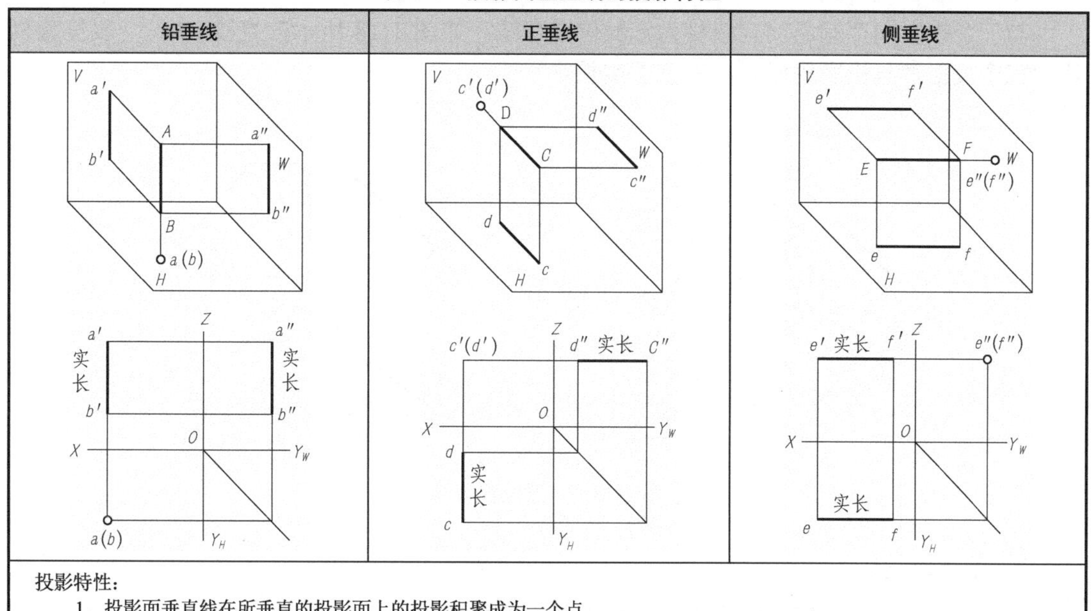		
投影特性： 1．投影面垂直线在所垂直的投影面上的投影积聚成为一个点。 2．另外两个投影都反映线段实长，且垂直于相应的投影轴。		

（2）投影面平行线

平行于一个投影面而与另外两个投影面倾斜的直线，称为投影面平行线。平行于水平面的直线称为水平线，平行于正面的直线称为正平线，平行于侧面的直线称为侧平线。投影面平行线的投影特性见表 1-5。α、β、γ 分别表示直线对 H、V、W 面的夹角。

表 1-5　投影面平行线的投影特性

水平线	正平线	侧平线
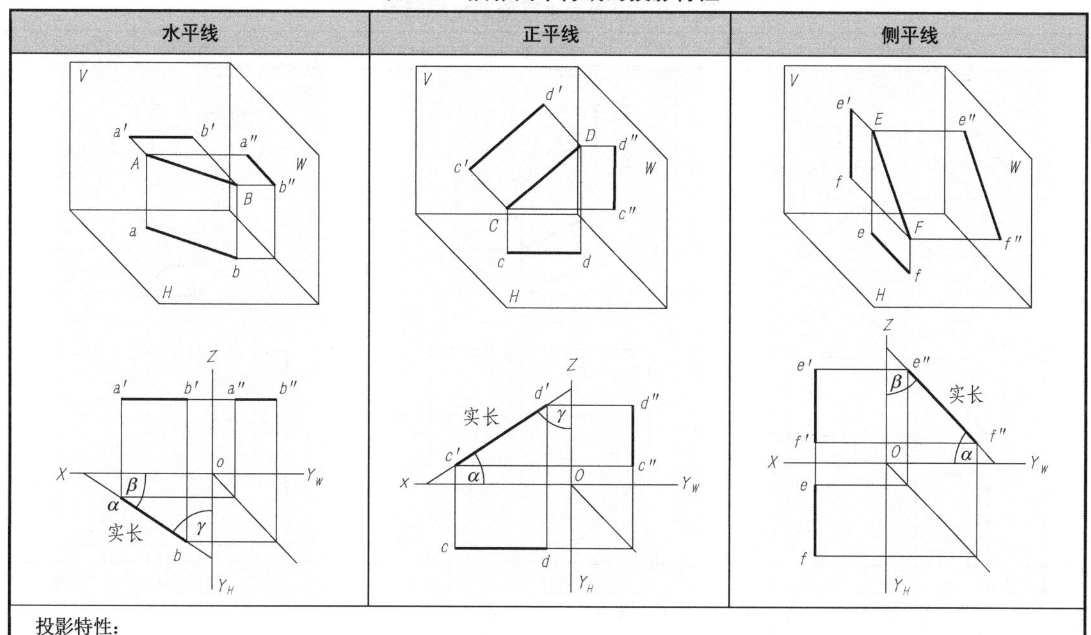		
投影特性： 1．投影面平行线的三个投影都是直线，其中在与直线平行的投影面上的投影反映线段实长，而且与投影轴倾斜。 2．另外两个投影都小于线段实长，且分别平行于相应的投影轴。		

（3）一般位置直线

与三个投影面都倾斜的直线称为一般位置直线，如图 1-18 所示的直线 *AB*。一般位置直线的三个投影都与投影轴倾斜，都小于实长。

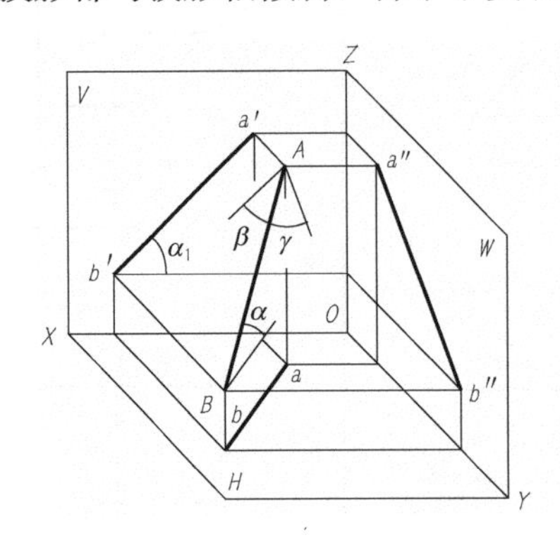

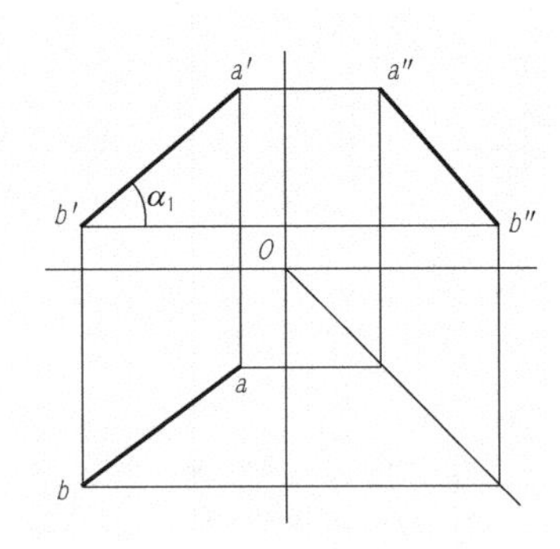

图 1-18　一般位置直线

3. 平面的投影

连接平面各顶点的同面投影即得到平面的三面投影。

根据空间平面相对于三个投影面的位置不同，可将平面分为三种：投影面垂直面、投影面平行面、一般位置平面。

（1）投影面垂直面

垂直于一个投影面而与另外两个投影面倾斜的平面称为投影面垂直面。垂直于水平面的平面称为铅垂面，垂直于正面的平面称为正垂面，垂直于侧面的平面称为侧垂面。投影面垂直面的投影特性见表 1-6。

表 1-6　投影面垂直面的投影特性

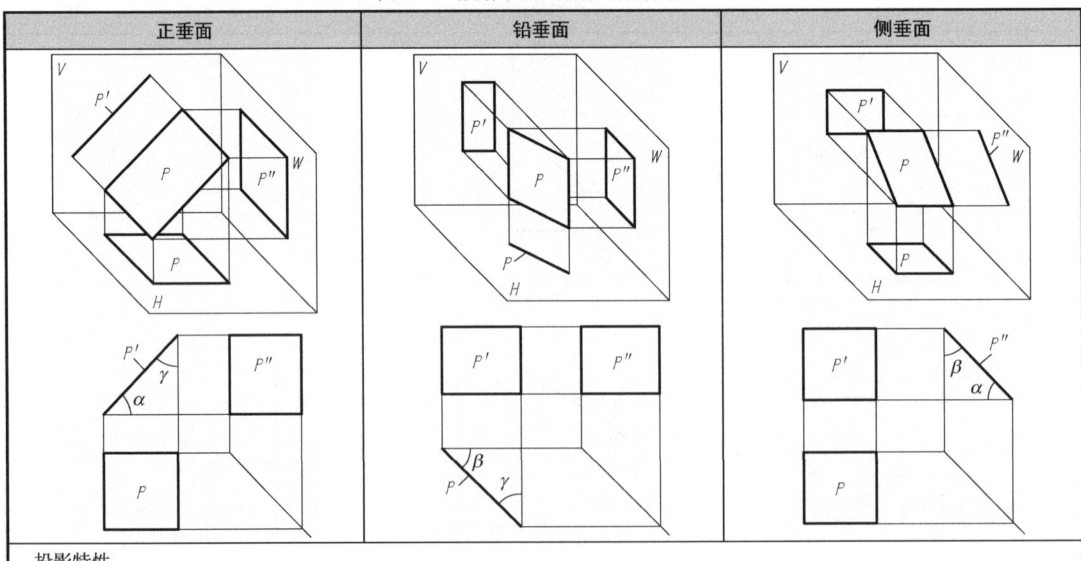

投影特性：

1. 投影面垂直面在所垂直的投影面上的投影积聚成为一个倾斜线段。
2. 其余两个投影都是缩小的类似形。

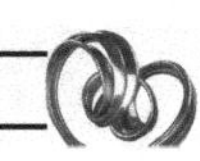

（2）投影面平行面

平行于一个投影面，即与另外两个投影面垂直的平面，称为投影面平行面。平行于水平面的平面称为水平面，平行于正面的平面称为正平面，平行于侧面的平面称为侧平面。投影面平行面的投影特性见表 1-7。

表 1-7 投影面平行面的投影特性

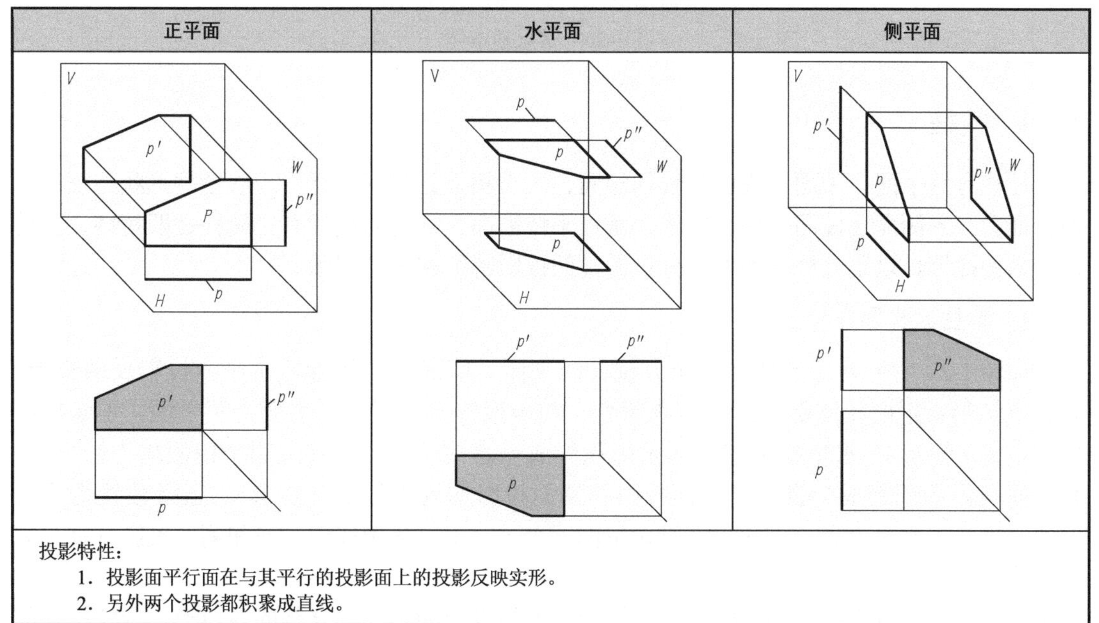

正平面	水平面	侧平面
V, W, H, p′, p″, p, P	V, W, H, p′, p″, p, P	V, W, H, p′, p″, p, P
p′, p″, p	p′, p″, p	p′, p″, p

投影特性：

1. 投影面平行面在与其平行的投影面上的投影反映实形。
2. 另外两个投影都积聚成直线。

（3）一般位置平面

与三个投影面都倾斜的平面称为一般位置平面，如图 1-19 所示的平面 *ABC*。其三面投影均为比原图形小的类似形。

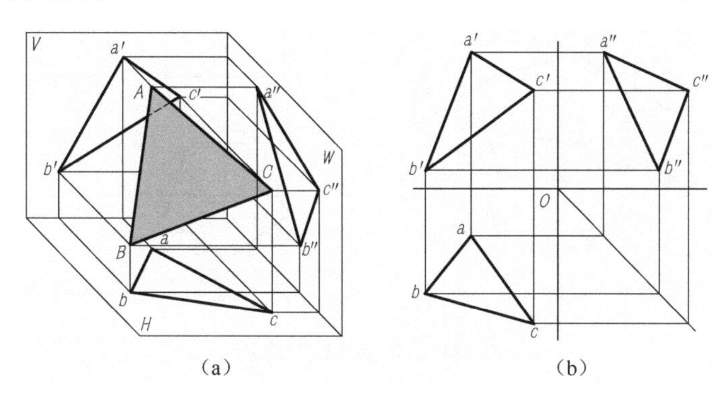

（a）　（b）

图 1-19 一般位置平面

1.3 基本体的视图

任何复杂的物体都可以看成是由基本体组成的，常见基本体如图1-20 所示。基本体可以分为平面立体和曲面立体两大类。表面全部是平面的立体称为平面立体，如棱柱、棱锥等；

至少有一个表面是曲面的立体称为曲面立体，如圆柱、圆锥、球等。

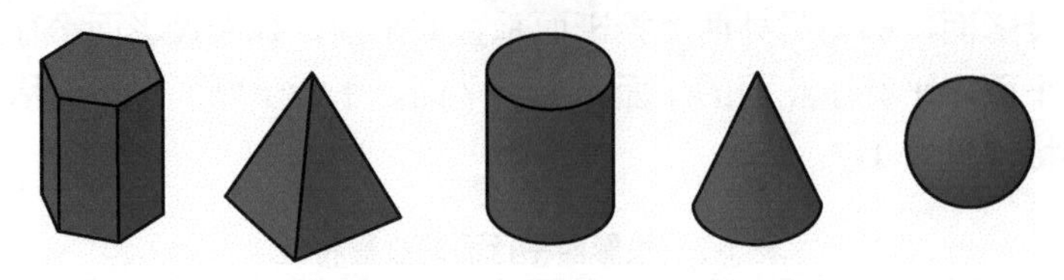

图 1-20　常见基本体

1.3.1　棱柱

棱柱有两个面（顶面和底面）形状相同、大小相等且相互平行，反映棱柱形状特征，称为特征面；各侧面（棱面）均为矩形，垂直于特征面。常见的棱柱有三棱柱、四棱柱、五棱柱、六棱柱等。以正五棱柱为例，分析棱柱的投影特征和画图步骤。

1. 棱柱的投影分析

如图 1-21 所示为正五棱柱，正五棱柱的顶面、底面为水平面，水平面投影反映实形，为正五边形；正面和侧面投影具有积聚性，均积聚为一直线。后棱面为正平面，正面投影反映实形（矩形），水平投影和侧面投影积聚成一直线。棱柱的其余四个棱面均为铅垂面，其水平投影均积聚成一直线，正面投影和侧面投影均为类似形（矩形）。五条棱线均垂直于水平面，其水平投影分别积聚在五边形的五个顶点上，各棱线的正面和侧面投影分别与矩形的边重合。

棱柱的投影特征：与特征面平行的投影面上的投影为和底面全等的多边形，反映棱柱的特征，称为特征视图；另两面投影均为矩形线框。

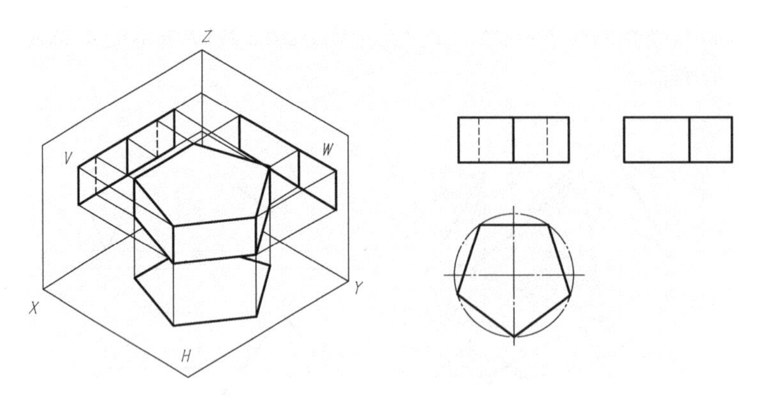

图 1-21　正五棱柱的投影

2. 棱柱三视图的画图步骤

① 作正五棱柱的对称中心线和底面基线，确定各视图的位置，如图 1-22（a）所示。

② 先画特征视图，即俯视图正五边形。按“长对正”的投影关系及棱柱的高度画出主视图，如图 1-22（b）所示。

③ 按“高平齐，宽相等”的投影关系画出左视图，如图 1-22（c）所示。

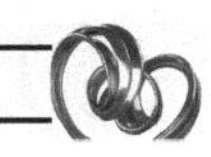

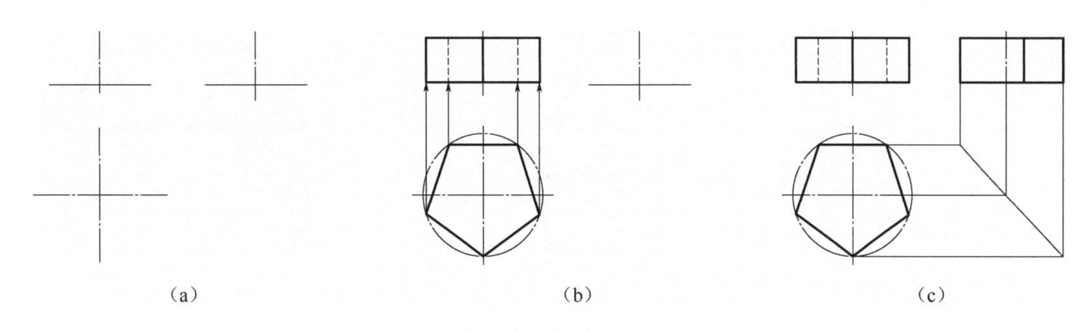

图 1-22　正五棱柱三视图的画图步骤

1.3.2　棱锥

棱锥有一个面（底面）是多边形，其余各面（侧面）均为相交于一点（锥顶）的三角形，锥顶在底面的投影为底面的中心。常见的棱锥有三棱锥、四棱锥和五棱锥等。下面以图 1-23 所示的四棱锥为例，分析其投影特征和作图方法。

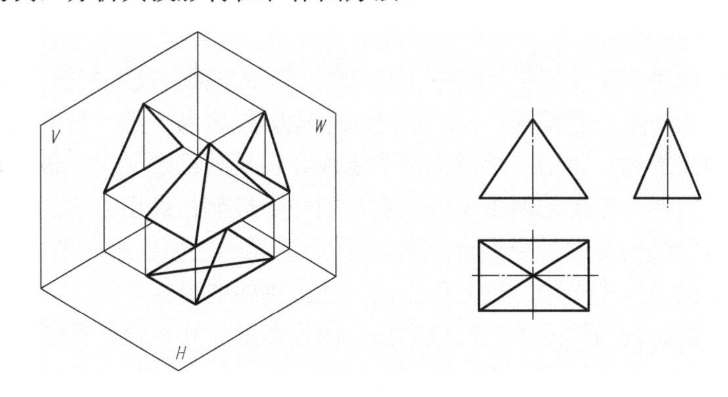

图 1-23　四棱锥的投影

1. 棱锥的投影分析

图示四棱锥的底面是水平面，水平投影反映实形，正面和侧面投影积聚为一水平直线；左、右棱面是正垂面，其正面投影积聚成直线，水平投影和侧面投影均为类似形；前、后棱面为侧垂面，其侧面投影积聚成直线，正面投影和水平投影均为类似形。

棱锥的投影特征：与底面平行的投影面上的投影为和底面全等的多边形，反映底面的实形，其内部包含数个具有公共交点的三角形（棱面的投影）；另两面投影均为具有公共顶点的三角形线框。

2. 棱锥三视图的画图步骤

① 作棱锥的对称中心线和底面基线［图 1-24（a）］。

② 画底面的水平投影（矩形）、正面投影（水平线）。确定锥顶的水平投影（底面的中心），根据棱锥的高度定出锥顶的正面投影位置，连接锥顶及底面各顶点的同面投影，即得四条棱线的投影［图 1-24（b）］。

③ 按高平齐、宽相等的投影关系画出左视图［图 1-24（c）］。

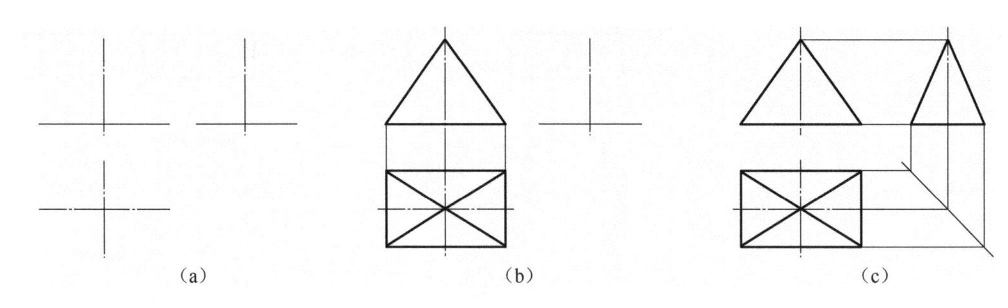

图 1-24　四棱锥三视图的画图步骤

1.3.3　圆柱

圆柱体由圆柱面和两个相互平行且相等的圆形平面组成。圆柱面可看成由一条直线（母线）绕与其平行的直线（轴线）旋转一周而成，如图 1-25 所示。母线回转的任一位置称为素线。

1. 圆柱的投影

图示圆柱的轴线垂直于水平面，圆柱顶面、底面为水平面，其水平投影反映实形且重合，正、侧面投影积聚成一水平直线段。圆柱面的水平投影积聚为一圆，与两底面的水平投影重合，圆柱面的正面投影为一矩形，矩形的两条竖线分别是圆柱面最左、最右素线的投影，圆柱面的侧投影为一矩形，矩形的两条竖线分别是圆柱面最前、最后素线的投影，最左、最右素线的侧面投影与轴线的侧面投影重合，最前、最后素线的正面投影与轴线正面的投影重合，因圆柱面是光滑曲面，图中不用画出其投影，只画出轴线的投影即可。

圆柱的投影特征：在与轴线垂直的投影面上的投影是和底面全等的圆，另两个投影为全等的矩形。

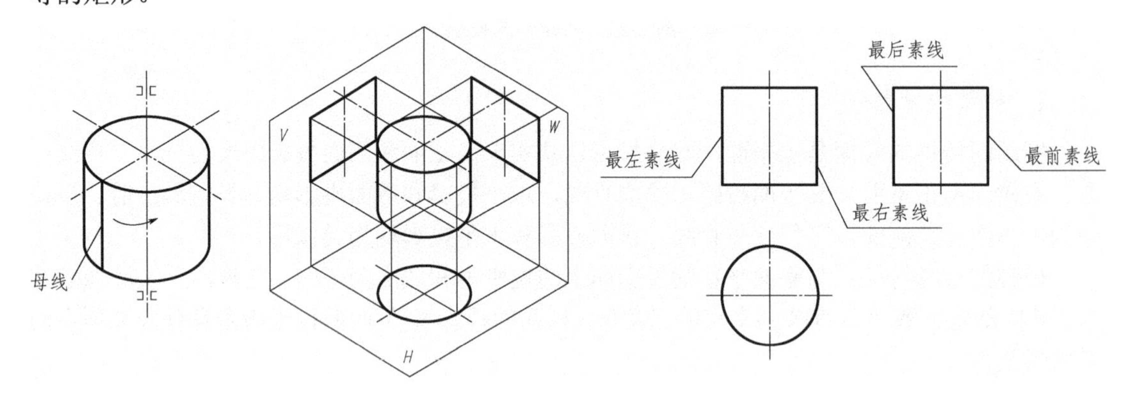

图 1-25　圆柱及其三视图

2. 圆柱三视图的画法

画圆柱的三视图时，应先画出圆的中心线和圆柱轴线的投影，然后画投影为圆的视图，再根据圆柱的高和投影关系画投影为矩形的视图。

1.3.4　圆锥

圆锥由圆锥面和一个圆形平面组成。圆锥面可看成由一条直线（母线）绕与其相交的直

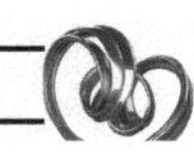

线（轴线）旋转一周而成，如图 1-26 所示。母线回转的任一位置称为素线。

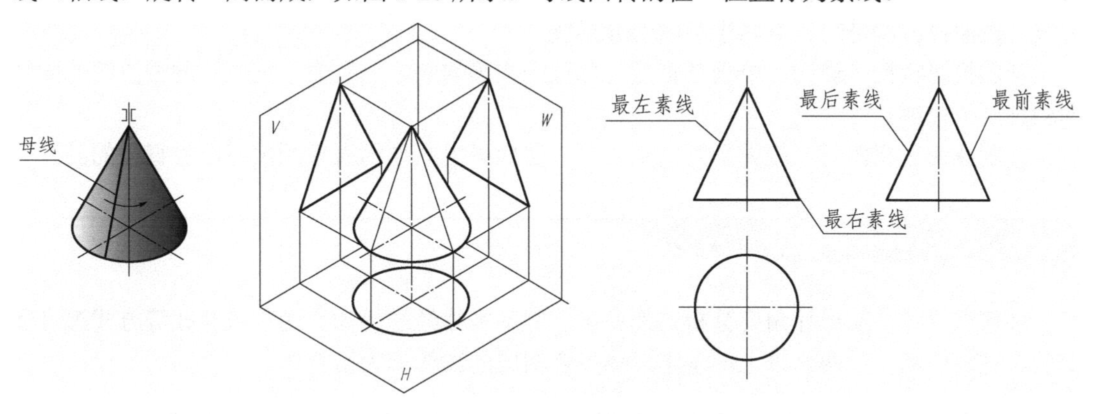

图 1-26 圆锥的投影

1. 圆锥的投影

图示圆锥的轴线垂直于水平面，圆锥底面为水平面，其水平投影反映实形，正、侧面投影积聚成一水平直线段。圆锥面的水平投影为圆，与底面的水平投影重合，圆锥面的正面投影为一等腰三角形，三角形的两腰分别是圆锥面最左、最右素线的投影，圆锥面的侧投影为一等腰三角形，三角形的两腰是圆锥面最前、最后素线的投影，最左、最右素线的侧面投影与轴线的侧面投影重合，最前、最后素线的正面投影与轴线正面的投影重合，因圆锥面是光滑曲面，图中不用画出其投影，只画出轴线的投影即可。

圆锥的投影特征：在与轴线垂直的投影面上的投影是和底面全等的圆，另两个投影为全等的等腰三角形。

2. 圆锥三视图的画法

画圆锥的三视图时，应先画出圆的中心线和圆锥轴线的投影，然后画投影为圆的视图，再根据锥高和投影关系画出投影为等腰三角形的两个视图。

1.3.5 球

球面是一条圆母线绕其直径回转一周而形成的。

如图 1-27 所示，球面的投影为三个等径的圆，是球面上平行于相应投影面的三个不同位

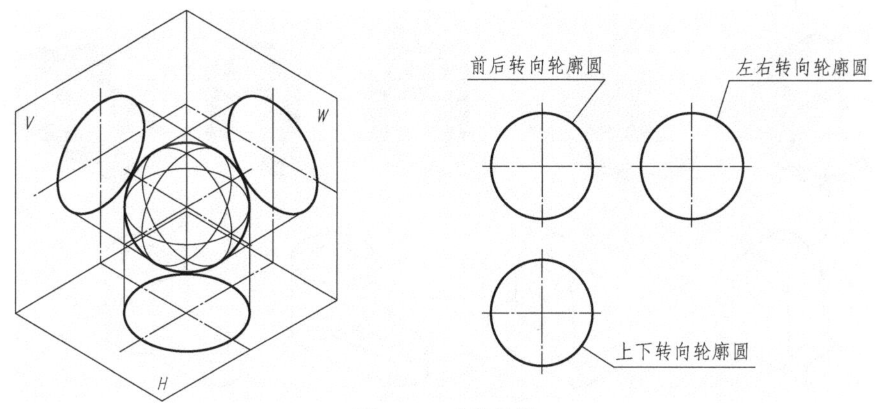

图 1-27 球的投影

置的最大轮廓圆。正面投影圆是前、后两半球面的分界线，水平投影圆是上、下两半球面分界线，侧面投影圆是左、右两半球面的分界线。

球的投影特征：球的三个视图都是与球直径相等的圆，分别表示三个不同方向的球面转向轮廓圆的投影。

绘制球的三视图时，应先画圆的中心线，然后再根据球的直径画出三个等直径的圆。

1.4　组合体的视图

任何机器零件从形体角度分析，都是由一些基本体经过叠加、切割或穿孔等方式组合而成的。这种由两个或两个以上的基本形体组合构成的物体称为组合体。

1.4.1　组合体的组合形式及相邻形体表面的连接关系

1. 组合体的组合形式

组合体的组合形式有叠加、切割两种基本形式，而常见的是这两种形式的综合。叠加型组合体可看成由若干基本形体叠加而成，如图 1-28（a）所示，切割型组合体可看成一个完整的基本体经过切割或穿孔后形成，如图 1-28（b）所示，多数组合体则是既有叠加又有切割的综合型，如图 1-28（c）所示。

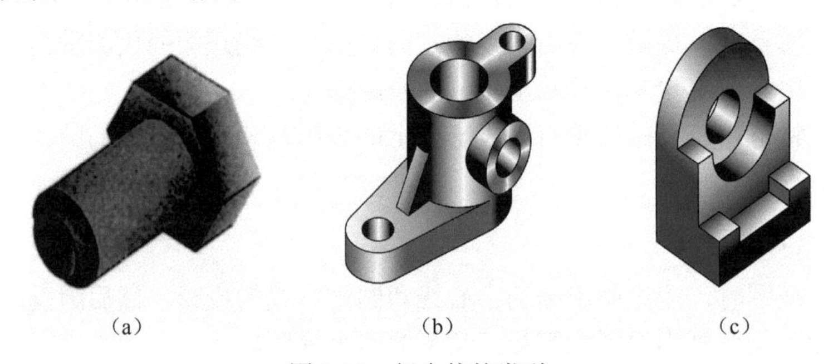

图 1-28　组合体的类型

2. 组合体中相邻形体表面的连接关系

组合体中的基本形体经过叠加、切割或穿孔后，形体的相邻表面之间可能形成共面与不共面、相切或相交三种特殊关系，如图 1-29 所示。

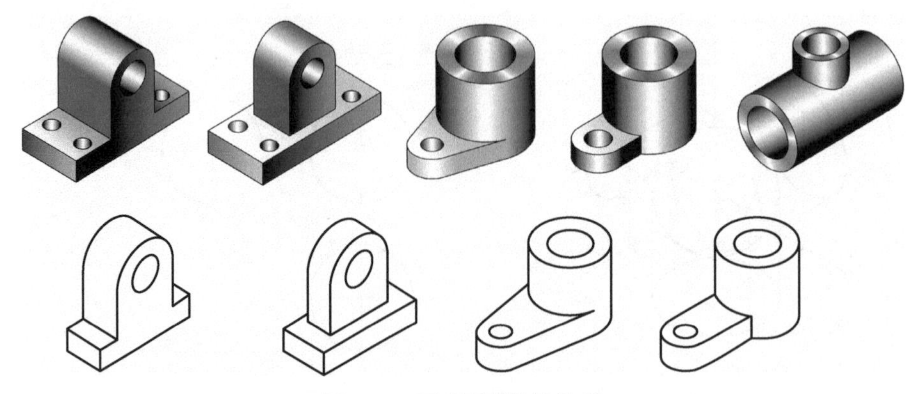

图 1-29　两表面的连接关系

（1）共面与不共面

当两形体相邻表面共面时，在共面处不应有相邻表面的分界线，如图 1-30（a）所示，当两形体相邻表面不共面时，两形体的投影间应有线隔开，如图 1-30（b）所示。

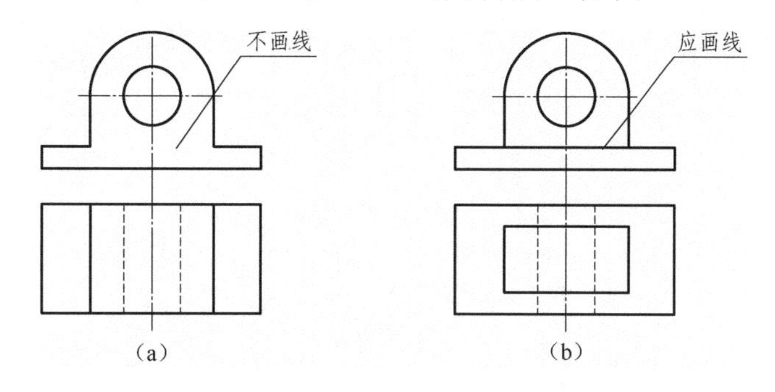

图 1-30　两表面共面或不共面的画法

（2）相切

当两形体相临表面相切时，由于在相切处是两表面的光滑过渡，不存在轮廓线，所以相切处不应画分界线，如图 1-31 所示。耳板的水平投影应画到切点处。

（3）相交

当相邻两形体的表面相交时，在相交处应画出交线的投影，如图 1-32 所示。

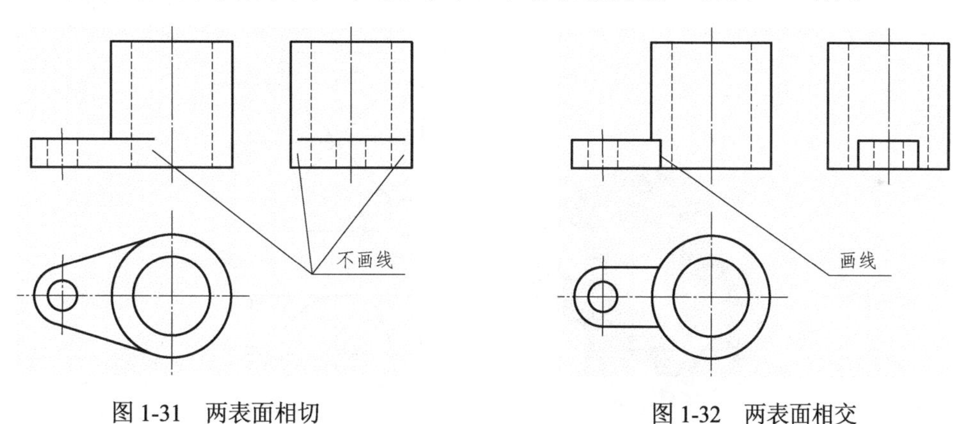

图 1-31　两表面相切　　　　图 1-32　两表面相交

1.4.2　相贯线的画法

两曲面立体相交，所产生的表面交线称为相贯线，相贯线一般为封闭的空间曲线，特殊情况下为平面曲线或直线，常见的为两圆柱正交所产生的相贯线。相贯线是两立体表面的共有线，相贯线上的点是两立体表面的共有点。所以，画相贯线就是求作相交表面上共有点的投影，然后将其光滑连线，即得相贯线的投影，如图 1-33（a）所示。在不致引起误解时，相贯线可以简化为圆弧，如图 1-33（b）所示。

当两圆柱直径相等时，相贯线为平面曲线椭圆，其投影为相交两直线，如图 1-34 所示。

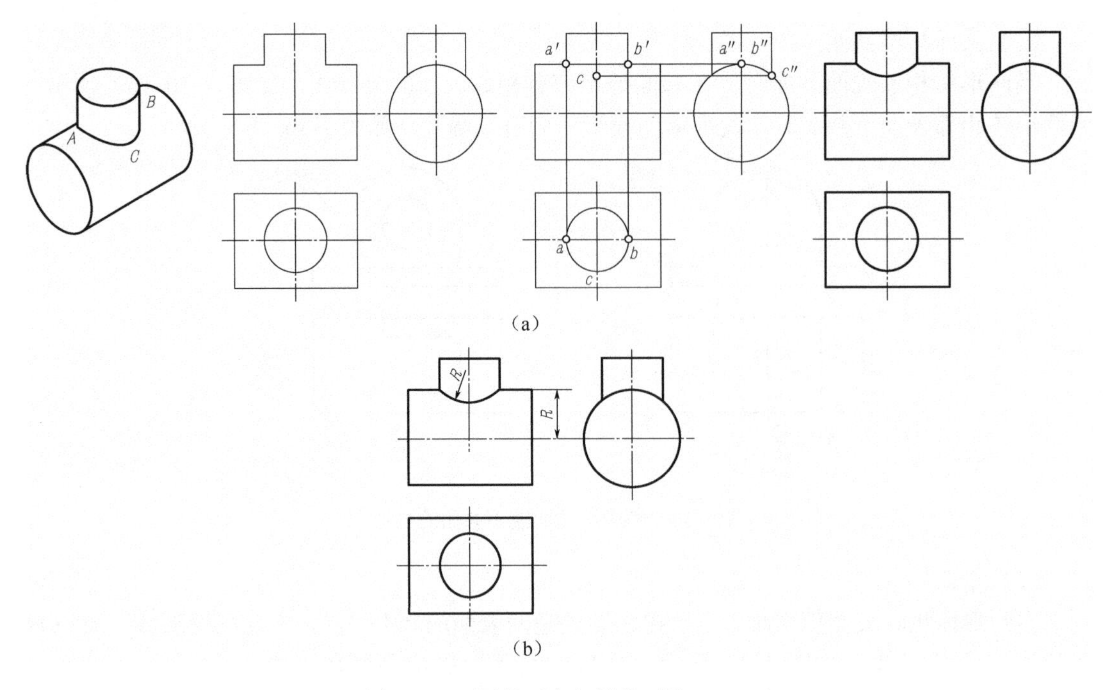

图 1-33　两圆柱正交相贯线画法（一）

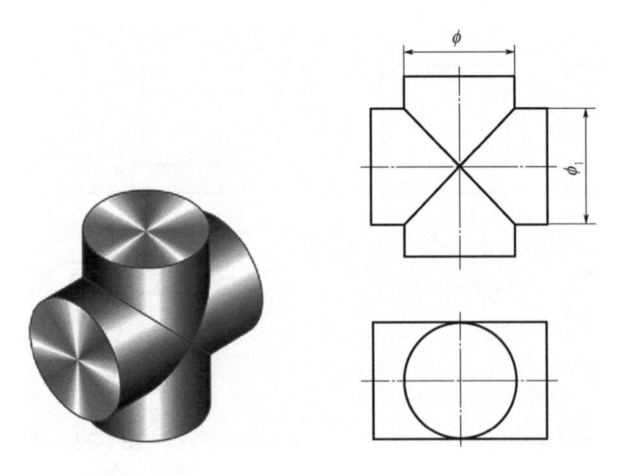

图 1-34　两圆柱正交相贯线画法（二）

1.4.3　叠加型组合体视图的画法

画叠加型组合体视图时，首先要运用形体分析法将组合体分解为若干基本形体，分析它们的相对位置和形体间相邻表面间的连接关系，然后逐个画出各基本形体的三视图，从而得到组合体的三视图。

1．形体分析

如图 1-35 所示支座，可分解为底板、竖板和肋板三部分，竖板上部的圆柱面与左、右两侧面相切；竖板与底板的后表面共面，前表面错开、不共面，竖板的两侧面与底板上表面相交；肋板与底板、竖板的相邻表面都相交；底板、竖板上有通孔，底板前面为圆角。

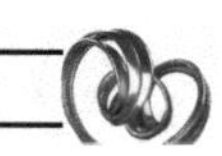

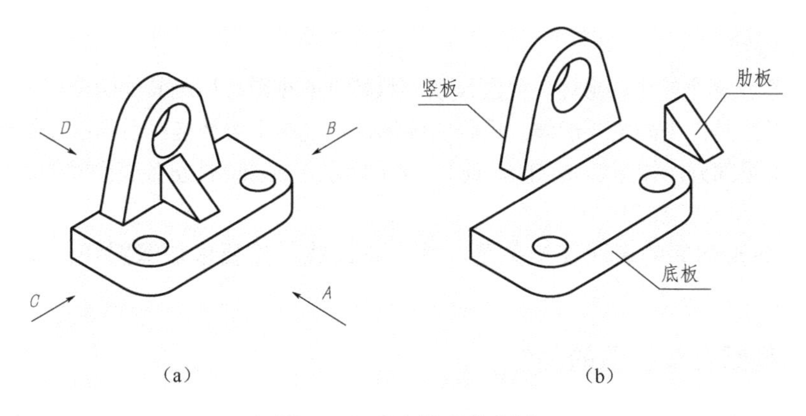

（a） （b）

图 1-35 支座的形体分析

2. 选择视图

首先确定主视图，要求主视图能将组合体各组成部分的形状和相对位置表达清楚，如图 1-35 所示，将支座按自然位置安放后，经过比较箭头 *A*、*B*、*C*、*D* 所指四个不同投射方向可以看出，选择 *A* 向作为主视图的投射方向要比其他方向好。主视图选定后，俯视图和左视图也随之而定。

3. 选比例，定图幅

根据组合体的大小和复杂程度，选择适当的比例和图纸幅面，图幅的大小应考虑有足够的地方绘图、标注尺寸和画标题栏。

4. 画三视图

（1）画基准线

根据组合体的总长、总宽、总高，并注意视图间要留出标注尺寸的空间，匀称布图，画出作图基准线，如图 1-36（a）所示。

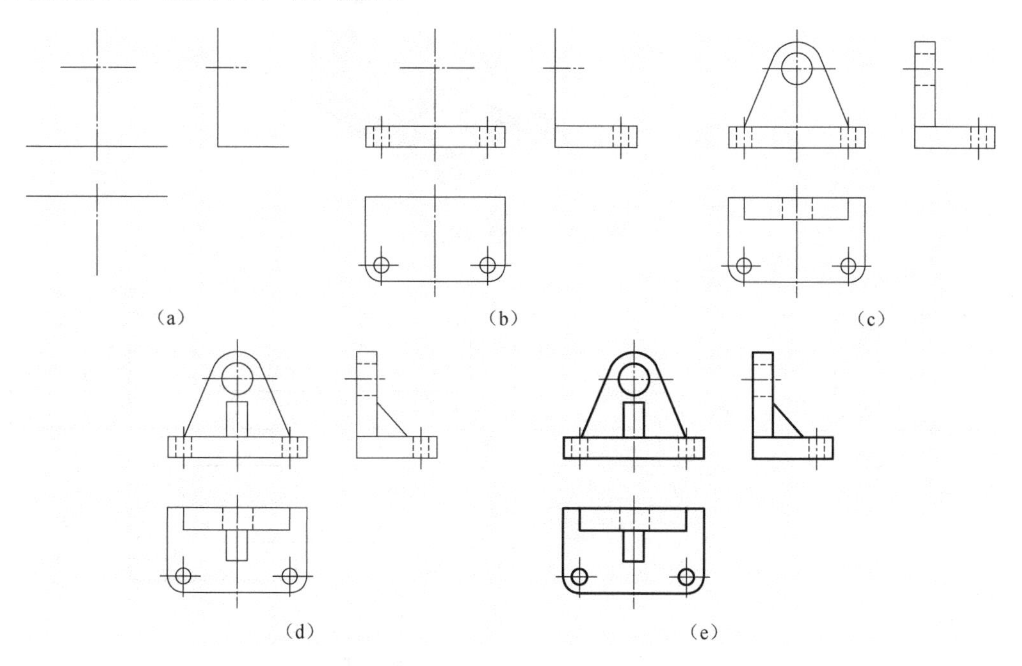

（a） （b） （c）

（d） （e）

图 1-36 支座的画图步骤

（2）绘制底稿

按形体分析法逐个绘出各形体。先画反映形状特征的视图，后画其他两个视图，三个视图配合进行。一般顺序是：先画主要形体，后画次要形体；先画主要结构，后画次要结构；先画可见部分，后画不可见部分，如图 1-36（b）、（c）、（d）所示。画图时注意各表面间的连接关系。

（3）检查、整理、加深

逐个检查各形体间的表面连接关系，擦去辅助线，按要求加深图线，如图 1-36（e）所示。

1.4.4 切割型组合体视图的画法

画切割型组合体视图采用面形分析法，通过分析表面的投影特性、形状和相对位置，进而绘制其三视图。

如图 1-37 所示组合体是由长方体经过三次切割形成的，水平面和正垂面切角、切半圆槽、侧垂面和水平面切槽。

切割体的画图步骤（图 1-38）：

① 画基本体三视图［图 1-38（a）］。

② 逐个画出每次切割截交线的三投影，应先画积聚性投影，再按投影关系画出其他投影［图 1-38（b）］。

③ 检查、整理、加深［图 1-38（c）］。

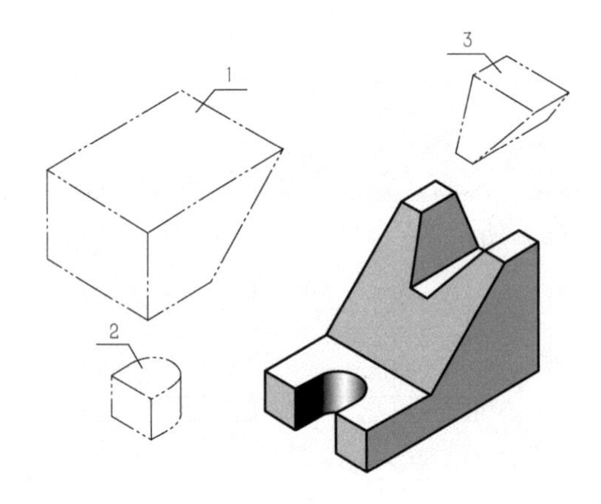

图 1-37 切割型组合体

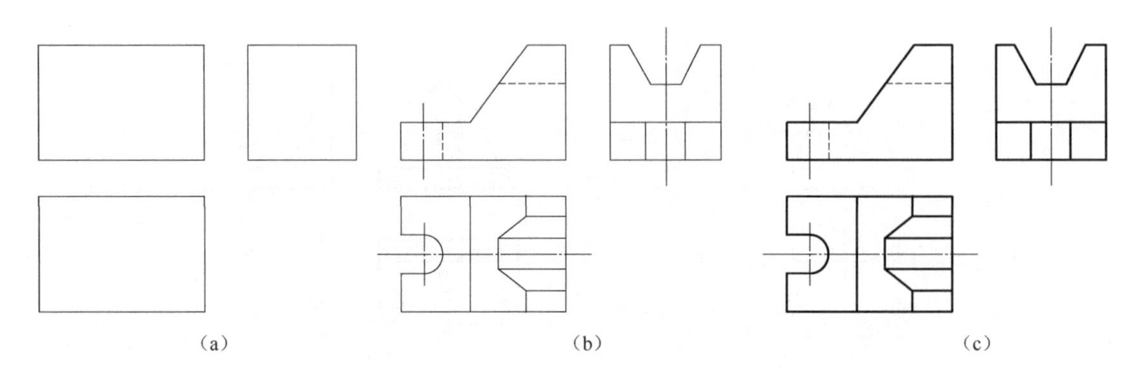

图 1-38 切割型组合体的画图步骤

1.5 尺寸标注

视图只能表达物体的形状，物体的大小则要由视图上所标注的尺寸来确定。尺寸是图样中的重要内容之一，是制造机件的依据。因此，在标注尺寸时，必须严格遵守国家标准中的有关规定，做到正确、齐全、清晰和合理。尺寸标注依据国家标准《机械制图 尺寸注法》(GB/T 4458.4—2003）和《技术制图 简化表示法 第 2 部分：尺寸注法》(GB/T 16675.2—2012)。

1.5.1 标注尺寸的基本规则

① 机件的真实大小应以图样上标注的尺寸数值为依据，与图形的大小及绘图的准确度无关。

② 图样中的尺寸以 mm 为单位时，不必标注计量单位的符号（或名称），如采用其他单位，则应注明相应的单位符号。

③ 图样中所标注的尺寸为该图样所示机件的最后完工尺寸，否则应另加说明。

④ 机件上的每一尺寸一般只标注一次，并应标注在表示该结构最清晰的图形上。

1.5.2 标注尺寸的要素

标注尺寸由尺寸界线、尺寸线和尺寸数字三个要素组成，如图 1-39 所示。

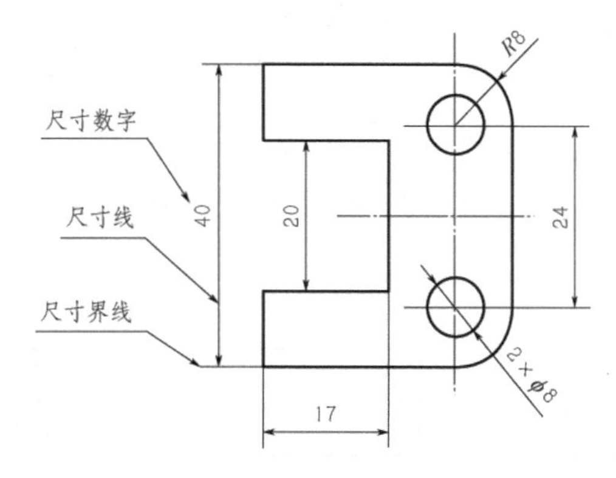

图 1-39　标注尺寸的要素

1. 尺寸界线

尺寸界线表示所标注尺寸的起始和终止位置，用细实线绘制，并应从图形的轮廓线、轴线或对称中心线引出；也可以直接利用轮廓线、轴线或对称中心线作为尺寸界线。尺寸界线一般应与尺寸线垂直，并超出尺寸线约 2 mm。

2. 尺寸线

尺寸线用细实线绘制，应平行于被标注的线段，相同方向的各尺寸线之间的间隔约为 7mm。尺寸线一般不能用图形上的其他图线代替，也不能与其他图线重合或画在其延长线上，并应尽量避免与其他尺寸线或尺寸界线相交。

尺寸线终端有箭头［图 1-40（a)］和斜线［图 1-40（b)］两种形式。通常，机械图样的尺寸线终端画箭头，土木建筑图的尺寸线终端画斜线。当没有足够的位置画箭头时，可用小圆点［1-40（c)］或斜线代替［图 1-40（d)］。

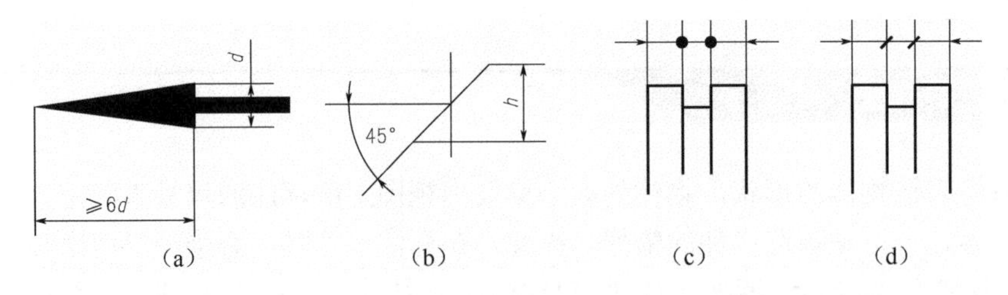

图 1-40　尺寸线的终端

3. 尺寸数字

线性尺寸数字一般注写在尺寸线的上方或左方，也允许注写在尺寸线的中断处，必要时也可引出标注。注写线性尺寸时，水平数字字头朝上，竖直尺寸字头朝左，倾斜方向的尺寸，字头应有向上的趋势。

4. 常用尺寸注法

（1）线性尺寸数字方向（图 1-41）

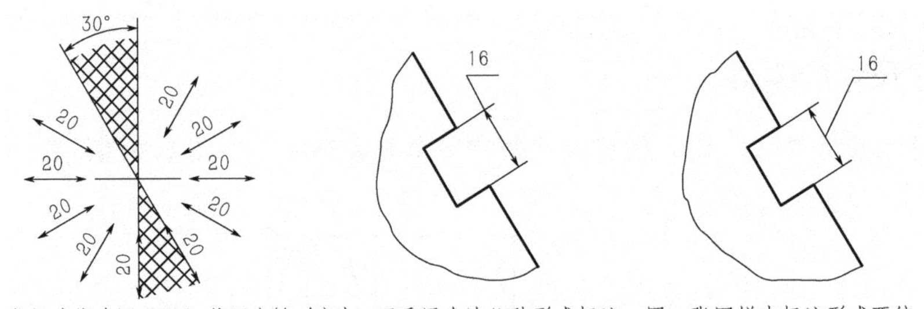

当尺寸线在图示30°范围内(红色)时，可采用右边几种形式标注，同一张图样中标注形式要统一

图 1-41　线性尺寸数字方向

（2）线性尺寸注法（图 1-42）

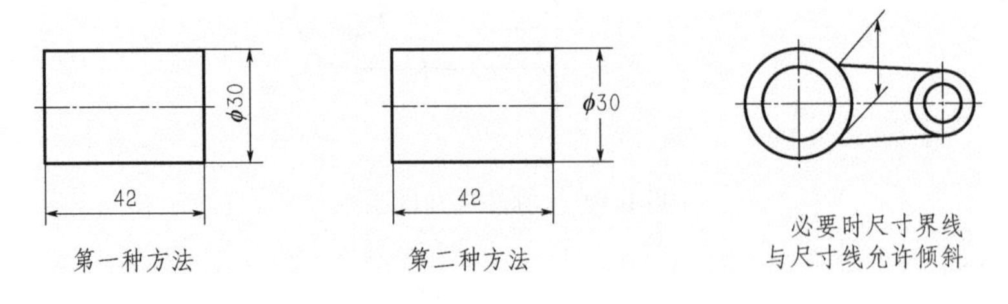

图 1-42　线性尺寸注法

（3）圆及圆弧尺寸注法（图 1-43）

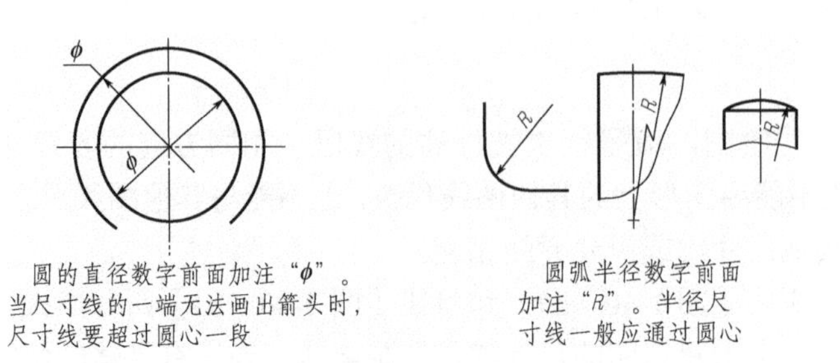

图 1-43　图及圆弧尺寸注法

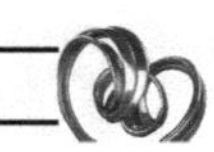

（4）小尺寸注法（图 1-44）

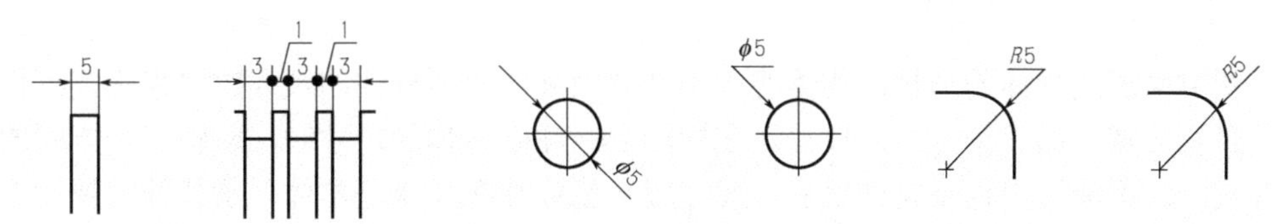

当无足够位置标注小尺寸时，箭头可外移或用小圆点代替两个箭头，尺寸数字也可注写在尺寸界线外或引出标注

图 1-44　小尺寸注法

（5）图线通过尺寸数字（图 1-45）

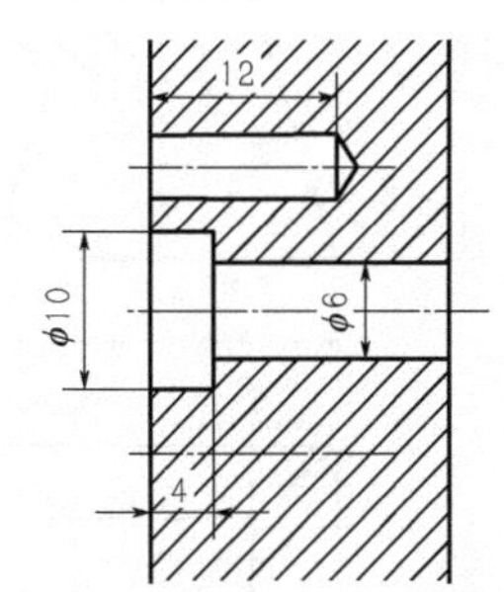

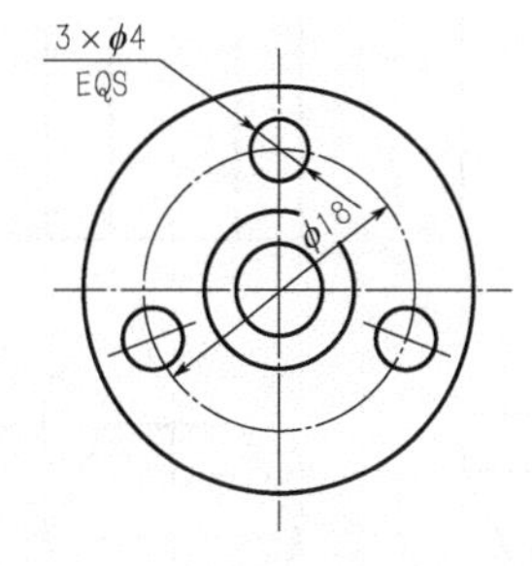

当尺寸数字无法避免被图线通过时，图线必须断开。图中“3×ϕ4EQS”表示3个ϕ4孔均布

图 1-45　图线通过尺寸数字

（6）角度和弧长尺寸注法（图 1-46）

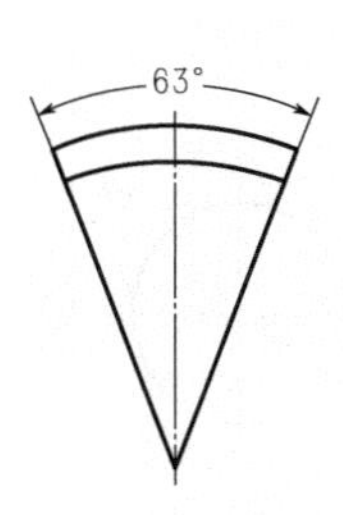

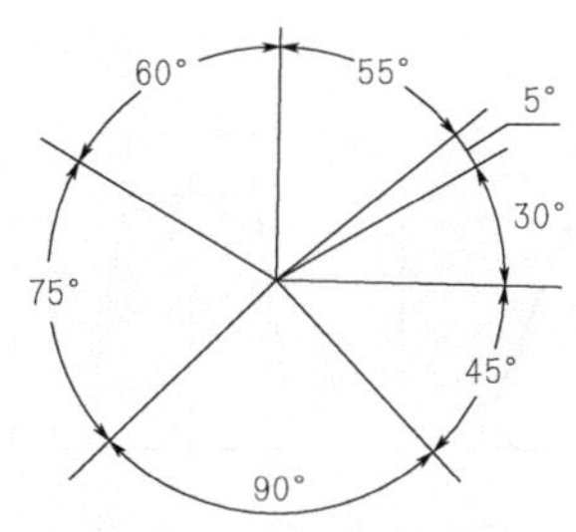

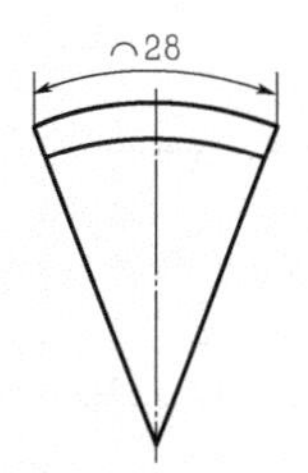

角度的尺寸界线应沿径向引出，尺寸线画成圆弧，其圆心是该角的顶点。角度的尺寸数字一律水平书写，一般注写在尺寸线的中断处，必要时也可注写在尺寸线的上方、外侧或引出标注

弧长的尺寸线是该圆弧的同心弧，尺寸界线平行于对应弦长的垂直平分线。“⌒28”表示弧长28mm

图 1-46　角度和弧长尺寸注法

（7）对称机件的尺寸注法（图 1-47）

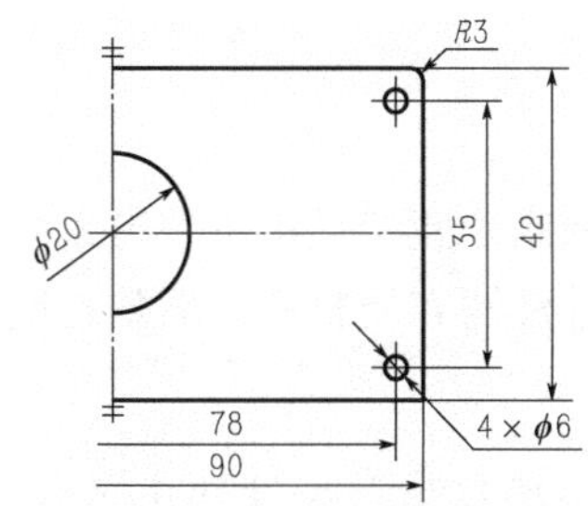

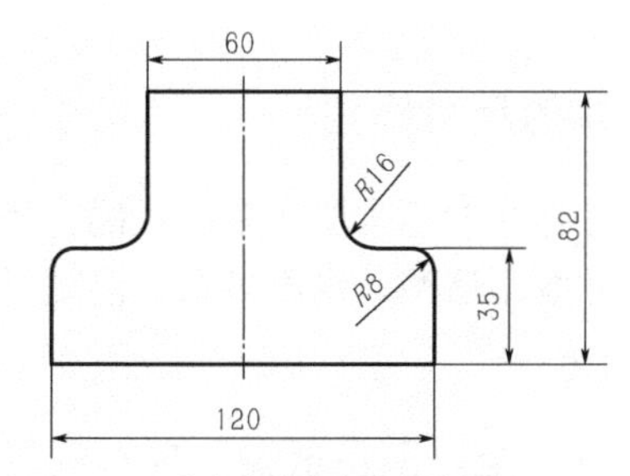

78、90两尺寸线的一端无法注全时，它们的尺寸线要超过对称线一段。图中“4×ϕ6”表示有4个ϕ6孔

分布在对称线两侧的相同结构，可仅标注其中一侧的结构尺寸

图 1-47　对称机件的尺寸注法

1.5.3 基本体的尺寸标注

视图用来表达物体的形状，物体的大小则要由视图上所标注的尺寸数字来确定。任何物体都具有长、宽、高三个方向的尺寸。在视图上标注基本体的尺寸时，应将三个方向的尺寸标注齐全，既不能缺少也不允许重复。尺寸应尽量标注在反映基本体形状特征的视图上，而圆柱的直径一般标注在投影为非圆的视图上，标注球的尺寸时，须在直径数字前加注符号“$S\phi$”。常见基本体的尺寸注法如图 1-48、图 1-49 所示。

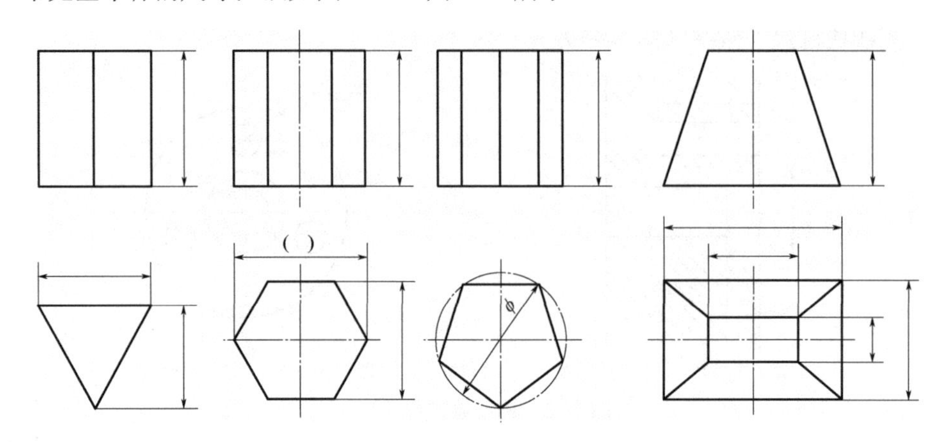

图 1-48　平面立体的尺寸标注

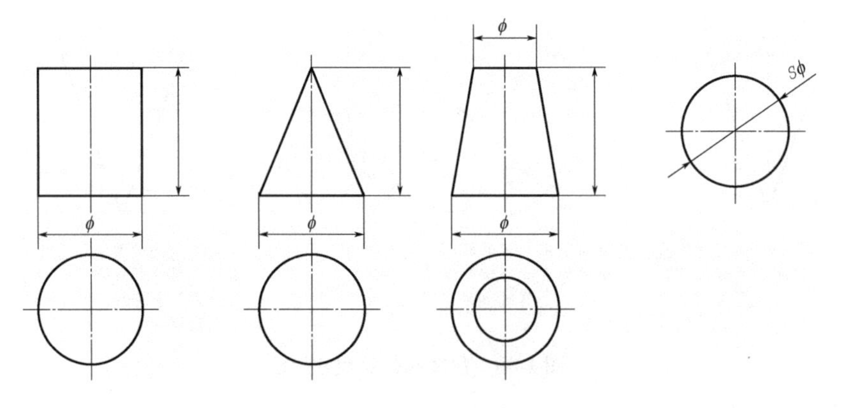

图 1-49　曲面立体的尺寸标注

1.5.4 组合体的尺寸标注

组合体尺寸标注的基本要求是：正确、齐全和清晰。正确是指符合国家标准的规定；齐全是指标注尺寸既不遗漏，也不多余；清晰是指尺寸注写布局整齐、清楚，便于看图。

1. 尺寸齐全

要保证尺寸齐全，既不遗漏，也不重复，应先按形体分析法注出各基本形体的大小定形尺寸，再注出确定它们之间相对位置的定位尺寸，最后根据组合体的结构特点注出总体尺寸。

① 定形尺寸：确定组合体中各基本形体大小的尺寸。如图 1-50（a）中，底板的长、宽、

高尺寸（40、24、8），底板上圆孔和圆角尺寸（2× ϕ6、R6）。

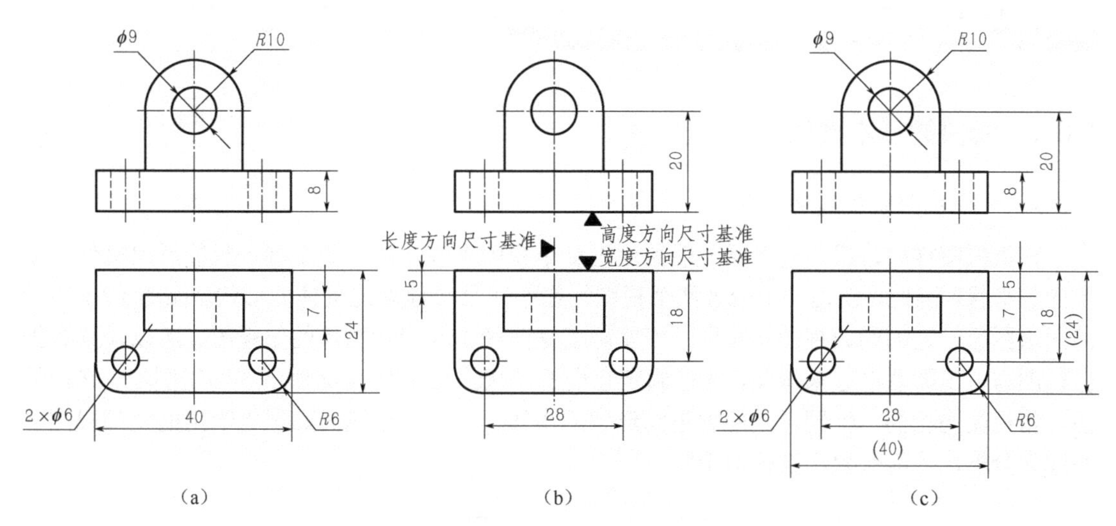

图 1-50 组合体的尺寸标注

② 定位尺寸：确定组合体中各基本形体之间相对位置的尺寸。

标注定位尺寸时，须在长、宽、高三个方向分别选定尺寸基准，每个方向至少有一个尺寸基准，以便确定各基本形体在各方向上的相对位置。通常选择组合体的底面、端面或对称平面及回转轴线等作为尺寸基准。如图 1-50（b）所示，组合体左右对称的平面为长度方向尺寸基准，后端面为宽度方向尺寸基准，底面为高度方向尺寸基准（图中用符号“▼”表示基准位置）。

由长度方向尺寸基准注出底板上两圆孔的定位尺寸 28；由宽度方向尺寸基准注出底板上圆孔与后端面的定位尺寸 18；由高度方向尺寸基准注出竖板上圆孔与底面的定位尺寸 20。由宽度方向尺寸基准注出竖板与后端面的定位尺寸 5。

③ 总体尺寸：确定组合体在长、宽、高三个方向的总长、总宽和总高尺寸。如图 1-50（c）所示，组合体的总长和总宽尺寸即底板的长和宽，总高尺寸由 20 和 R10 确定，不再重复标注。

2. 尺寸清晰

为了便于读图和查找相关尺寸，尺寸的布置必须整齐清晰。

① 突出特征：定形尺寸要标注在反映形体特征的视图上，虚线上尽量不注尺寸，如图 1-50（a）中所示底板圆孔和圆角尺寸标注在俯视图上。

② 相对集中：同一结构的定形尺寸和定位尺寸尽可能集中标注，以便于读图时查找，如图 1-50（c）中所示底板圆孔的定形尺寸和定位尺寸集中在俯视图上。

③ 布局整齐：尺寸尽量布置在两视图之间。同方向尺寸，应使小尺寸在内，大尺寸在外，间隔均匀，避免尺寸线和尺寸界线相交，如图 1-50（c）所示主视图中的 8 和 20。同一方向尺寸应排列在同一直线上，既整齐又便于画图，如俯视图中的 5 和 7。

1.6 读组合体视图的方法与步骤

1.6.1 读图的基本要领

1. 几个视图联系起来读图

在机械图样中，机件的形状一般是通过几个视图来表达的，每个视图只能反映机件一个方向的形状。因此，仅由一个或者两个视图往往不能唯一地确定机件的形状。如图 1-51 所示的四组图形，它们的俯视图均相同，但实际上是四种不同形状物体的俯视图。所以，只有把俯视图与主视图联系起来识读，才能确定它们的形状。又如图 1-52 所示的四组图形，它们的主、俯视图均相同，但同样是四种不同形状的物体。所以，读图时必须将给出的全部视图联系起来分析，才能想象出物体的形状。

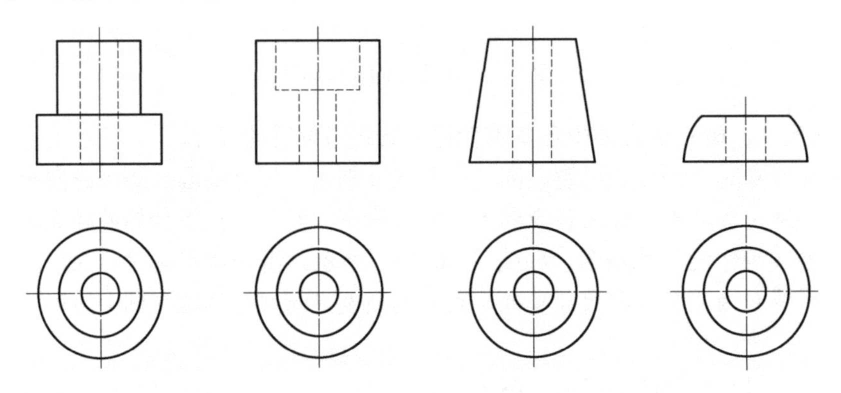

图 1-51　一个视图不能唯一确定物体形状的示例

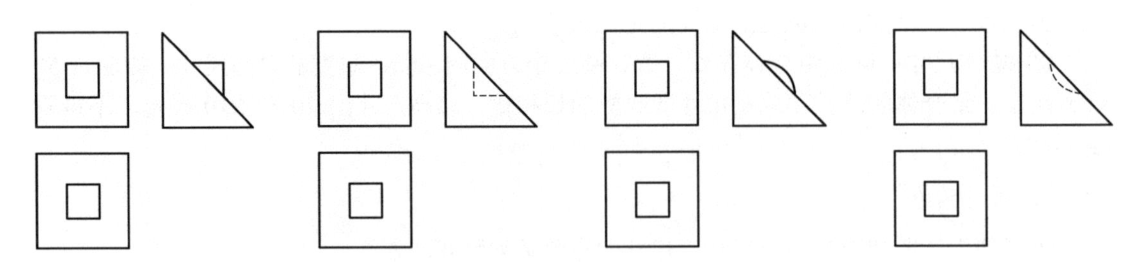

图 1-52　两个视图不能唯一确定物体形状的示例

2. 明确视图中线框和图线的含义

① 视图上的每个封闭线框，通常表示物体上一个表面（平面或曲面）的投影。如图 1-53（a）所示，主视图中有四个封闭线框，对照俯视图可知，线框 *a*′、*b*′、*c*′分别是六棱柱前三个棱面的投影，线框 *d*′则是前圆柱面的投影。

② 相邻两线框或大线框中有小线框，则表示物体上不同位置的两个表面。可能是两表面相交，如图 1-53（a）中的 *A*、*B* 面依次相交；也可能是平行关系，如图 1-53（a）所示俯视图中大线框六边形中的小线框圆，就是六棱柱顶面与圆柱顶面的投影。

③ 视图中的每条图线可能是立体表面具有积聚性的投影，如图 1-53（b）所示俯视图中

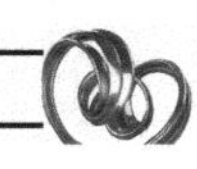

的 1 是圆柱顶面 I 的投影；或者是两平面交线的投影，如主视图中的 2′是 *A* 面与 *B* 面交线 II 的投影；也可能是曲面转向轮廓线的投影，如主视图中的 3′是圆柱面前后转向轮廓线III的投影。

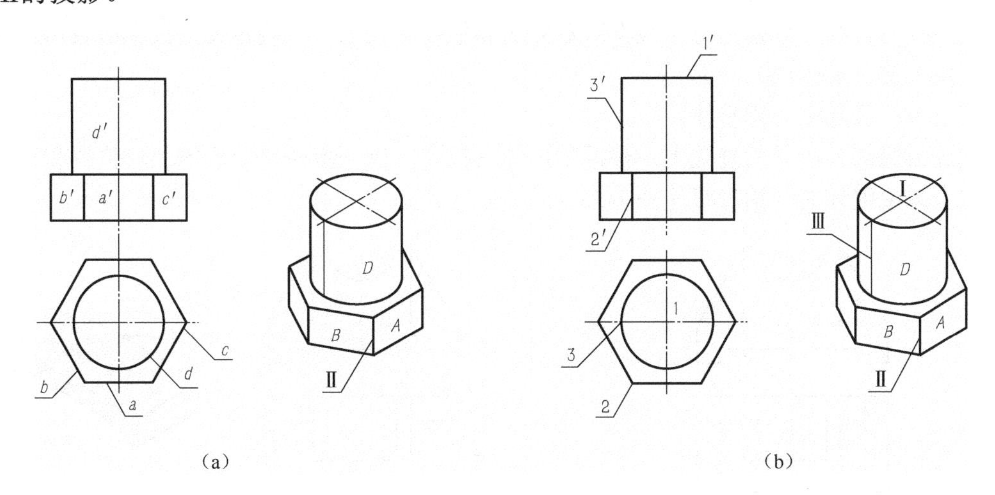

图 1-53　视图中线框和图线的含义

3. 抓住特征视图，确定物体形状

读图时，要把所给的几个视图联系起来构思，善于抓住反映主要形状和相对位置特征的视图，才能准确、迅速地想象出物体的真实形状。

如图 1-54（a）所示物体，只看主视图不能唯一确定物体的形状，主俯结合，确定是圆柱体，左视图为三角形，说明是由两侧垂面切割而成，如图 1-54（b）所示，最后，补出截交线的另两个投影，如图 1-54（c）所示。

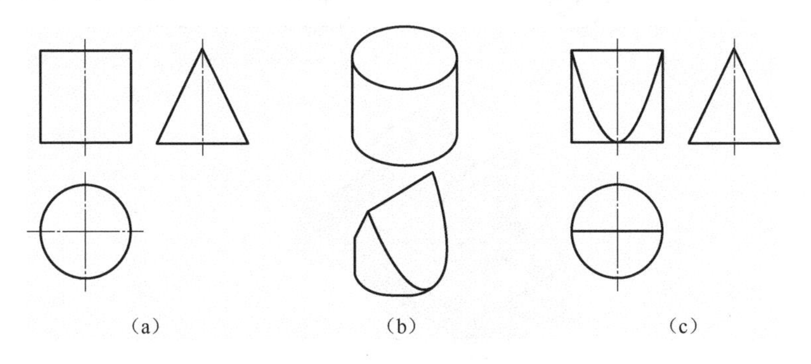

图 1-54　抓特征构思形状

1.6.2　读图的基本方法

1. 形体分析法

形体分析法适用于叠加型组合体。在反映形状特征比较明显的主视图上，按线框将组合体划分为几个部分，然后通过投影关系，找到各线框在其他视图中的投影，从而分析各部分的形状及它们之间的相对位置，最后综合起来，想象出组合体的整体形状。以图 1-55 所示组合体的主、俯视图为例，说明运用形体分析法识读组合体视图的方法与步骤。

第一步：划线框，分形体。

从主视图入手，结合其他视图，将该组合体按线框划分为四个部分［图 1-55（a)］。

第二步：对投影，想形状。

从主视图开始，分别把每个线框所对应的其他投影找出来，确定每组投影所表示的形体形状［图 1-55（b)、(c)、(d)）］。

第三步：合起来，想整体。

在读懂每部分形状的基础上，根据物体的三视图，进一步研究它们的相对位置和连接关系，综合想象整体的结构形状［图 1-55（e)］。

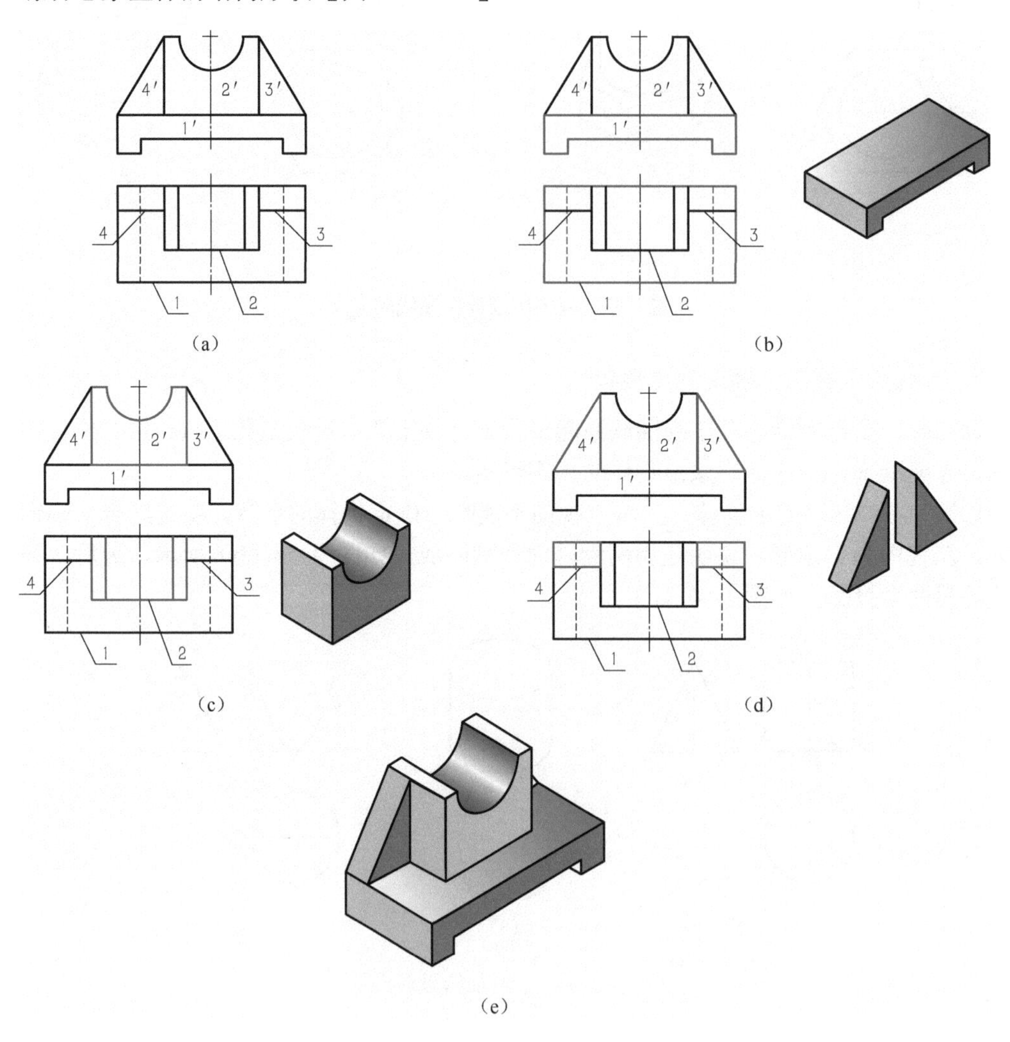

图 1-55　形体分析法读图步骤

2．面形分析法

面形分析法是指分析视图上线面的投影特征和相对位置，进而确定组合体形状特征的方法。面形分析法适用于切割型组合体。下面以图 1-56 所示组合体为例，说明运用面形分析法识读组合体视图的方法与步骤。

首先，判断组合体是由哪个基本体切割而成的。由图 1-56（a）可知，切割前基本体是

长方体。

其次，逐个分析截平面的位置和截交线的形状。左上方被正垂面 *P* 切角，左前方被铅垂面 *Q* 切角。

最后，综合起来想象整体形状，如图 1-56（b）所示。根据分析补出左视图，如图 1-56（c）所示。

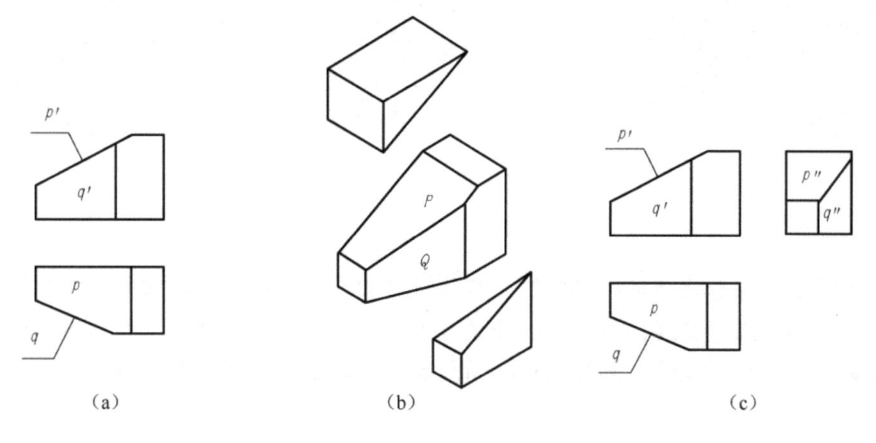

图 1-56　面形分析法读图步骤

第 2 章 零件的表达方法

工程实际中机件形状是多种多样的，有些机件的内、外形状都比较复杂，如果只用三视图表达，可见部分画粗实线、不可见部分画细虚线，往往不能完整、清楚地表达内外结构。为此，国家标准规定了视图、剖视图和断面图等基本表示法。学习并掌握各种表示法的画法和特点，以便灵活地运用。

2.1 视图

根据有关标准规定，绘制出物体的多面正投影图形称为视图。视图主要用于表达机件的外部结构形状，对机件中不可见的结构形状在必要时才用细虚线画出。

视图分为基本视图、向视图、局部视图和斜视图四种。

2.1.1 基本视图

将机件向基本投影面投射所得的视图称为基本视图。

在原有三投影面的基础上，再增加三个互相垂直的投影面，这六个投影面构成了一个正六面体，这六个投影面称为基本投影面。把物体放在正六面体内，分别由前、后、左、右、上、下六个方向，向六个基本投影面投射，即得六个基本视图，如图 2-1（a）所示。其中，

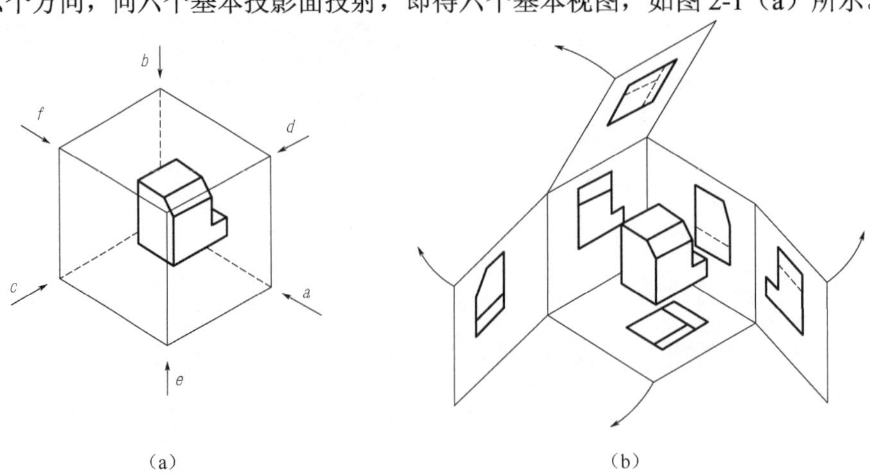

图 2-1 六个基本视图形成和展开

除了主、俯、左三个视图外，新增的三个视图分别为：从后向前投射所得的后视图，从右向左投射所得的右视图，从下向上投射所得的仰视图。

六个基本投影面按图 2-1（b）所示方法展开。六个基本视图按图 2-2 所示配置时，一律不注视图名称。六个基本视图仍保持“长对正、高平齐、宽相等”的投影规律，即主、俯、仰、后视图“长对正”，主、左、后、右视图“高平齐”，俯、左、仰、右视图“宽相等”。

六个基本视图的方位对应关系如图 2-2 所示，除后视图外，在围绕主视图的俯、仰、左、右四个视图中，远离主视图的一侧表示机件的前方，靠近主视图的一侧表示机件的后方。

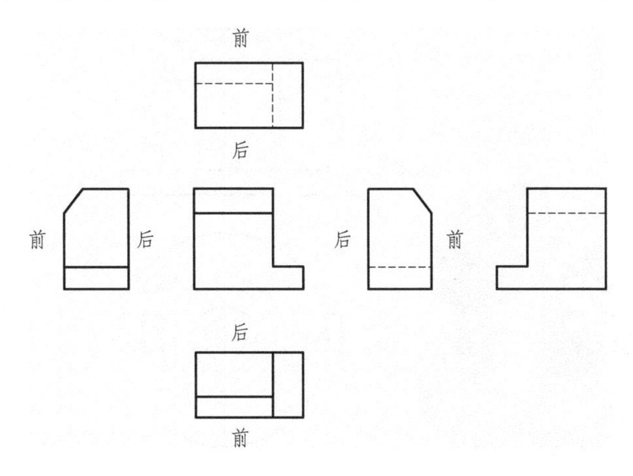

图 2-2　六个基本视图的配置和方位对应关系

实际画图时，并非要将六个基本视图全部画出，应根据机件的复杂程度和结构特点，选用必要的基本视图，一般优先选用主、俯、左视图。

2.1.2　向视图

向视图是可以自由配置的基本视图。按向视图配置时，必须标注，如图 2-3 所示，在图形上方注出视图名称“*X*”（*X* 为大写拉丁字母），并在相应的视图附近用箭头指明投射方向，注写相同的字母。

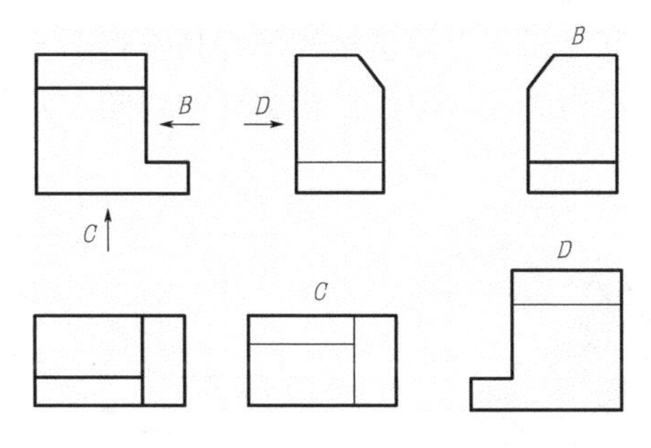

图 2-3　向视图及其标注

2.1.3　局部视图

局部视图是将机件的某一部分向基本投影面投射所得的视图。当采用一定数量的基本视图后，机件上仍有部分结构形状尚未表达清楚，而又没有必要再画出完整的其他基本视图时，可采用局部视图来表达，如图 2-4 所示。

局部视图的标注、配置及画法如下。

① 画局部视图时，一般应在局部视图的上方用大写拉丁字母标出局部视图的名称“*X*”，在相应视图附近用箭头指明投射方向，并注上同样的字母“*X*”。

② 局部视图按基本视图位置配置，中间若没有其他图形隔开时，可省略标注，如图 2-4 所示的局部视图 *A*；局部视图也可按向视图配置在适当位置，如图 2-4 所示的局部视图 *B*，此时必须标注视图名称和投射方向。

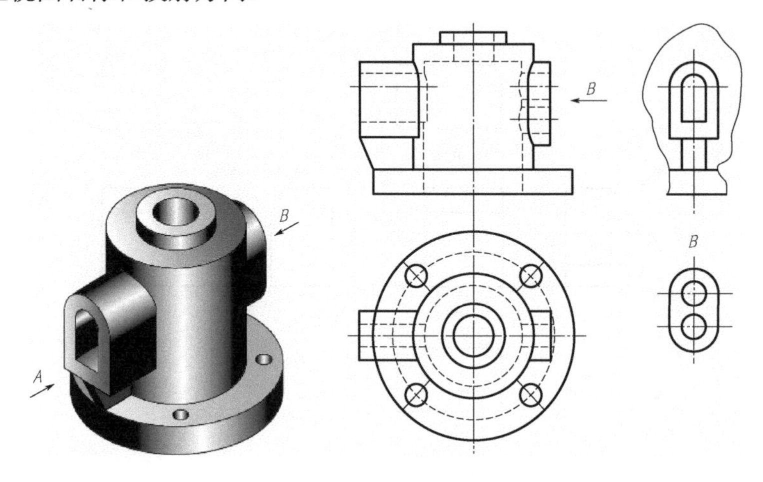

图 2-4　局部视图

③ 局部视图的断裂边界通常用波浪线或双折线表示，如图 2-4 所示的 *A* 向局部视图。但当所表示的局部结构是完整的，且外轮廓线又成封闭时，波浪线或双折线可省略不画，如图 2-4 中的局部视图 *B*。

2.1.4　斜视图

将机件向不平行于基本投影面的平面投射所得的视图称为斜视图。如图 2-5 所示，当机件上某局部结构不平行于任何基本投影面时，向基本投影面上投影不能反映该部分的实形时，可增加一个辅助投影面，使其与机件上倾斜结构平行且垂直于一个基本投影面，然后将倾斜结构向辅助投影面投射，就可得到反映倾斜结构实形的视图，即斜视图。

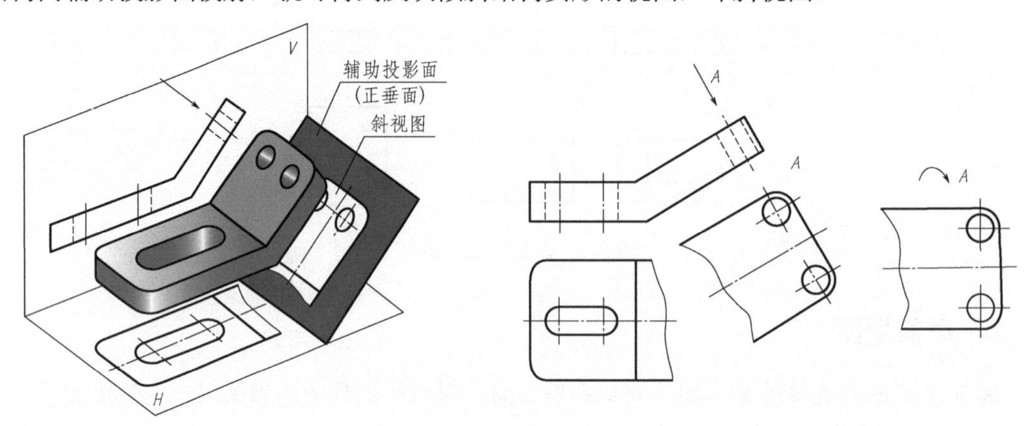

图 2-5　斜视图

画斜视图时应注意以下几点。

① 斜视图常用于表达机件上的倾斜结构，画出倾斜结构的实形后，其他部分用波浪线或双折线断开，如图 2-5 所示。当所表示的局部结构是完整的，且外轮廓线又成封闭时，波浪线或双折线可省略不画。

② 斜视图一般按投影关系配置，也可按向视图配置，必要时允许将斜视图旋转配置。

③ 画斜视图时，必须在斜视图的上方标注其名称“*X*”，并在相应的视图附近用箭头指明投射方向，并注上同样的字母，字母一律水平位置书写。旋转配置时，必须在斜视图上方注明旋转标记，表示斜视图名称的字母应靠近旋转符号的箭头端，如图 2-5 所示。

在实际画图时，并不是每个机件的表达方案中都有这四种视图，而是根据需要灵活选用。

2.2 剖视图

视图主要用来表达机件的外部形状，当机件内部结构比较复杂，视图上会出现较多虚线而使图形不清晰，不便于看图和标注尺寸时，为了清晰地表达其内部结构，常采用剖视图。

2.2.1 剖视图的形成、画法及标注

1. 剖视图的形成

如图 2-6 所示，假想用剖切面剖开机件，将处在观察者与剖切面之间的部分移去，将其余部分向投影面投射所得的图形，称为剖视图，简称剖视。

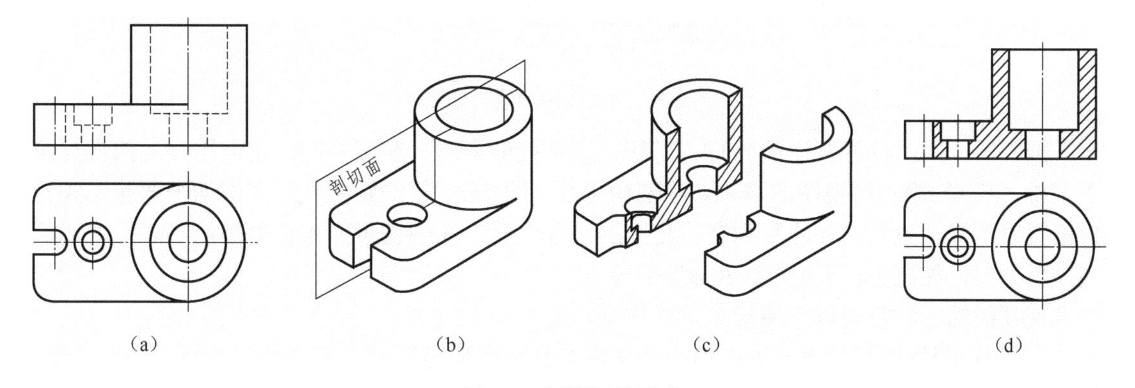

图 2-6 剖视图的形成

2. 剖视图的画法

① 剖切平面应通过内部结构（孔、槽等）的轴线或对称平面，并平行于选定的投影面。

② 机件剖开后，处在剖切平面之后的所有可见轮廓线都应画齐，不能遗漏。

③ 由于剖切是假想的，因此，当机件的某一个视图画成剖视图以后，其他视图仍应完整画出。

④ 剖面区域要画出剖面符号。剖切面与物体的接触部分，称为剖面区域。国家标准《机械制图》规定了各种材料的剖面符号。

金属材料的剖面符号（也称剖面线）应画成与水平方向成 45° 的互相平行、间隔均匀的细实线，当图形的主要轮廓线与水平方向成 45° 或接近 45° 时，该图剖面线应画成与水平

方向成 30° 或 60° 角，其倾斜方向仍应与其他视图的剖面线一致（图 2-7）。同一机件各个剖视图的剖面线方向和间隔应相同。

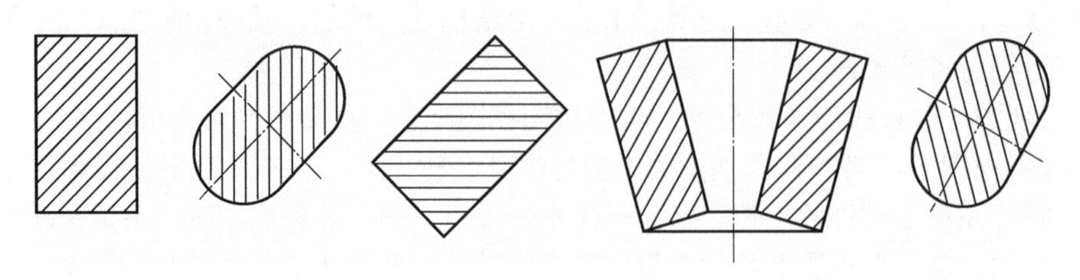
图 2-7　剖面线画法

⑤ 剖视图中一般不画细虚线。

3. 剖视图的配置与标注

剖视图一般按投影关系配置，必要时也可配置在其他适当位置，如图 2-8 所示。

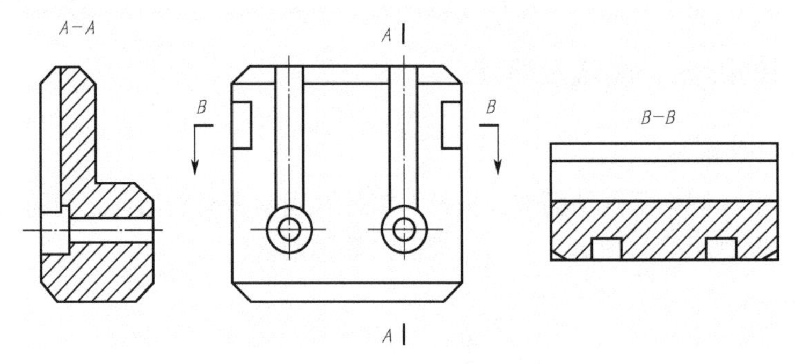

图 2-8　剖视图的配置与标注

剖视图一般应标注视图的名称、剖切位置和投射方向。在剖视图的上方用相同的大写拉丁字母“*X*-*X*”表示剖视图的名称，用剖切符号（约 5mm 长的粗实线）在剖切平面起讫和转折位置表示剖切位置，并注写和名称相同的字母“*X*”，在剖切平面起讫处用箭头表示剖切后的投射方向，如图 2-8 所示的“*B*-*B*”剖视。

剖视图的标注符合以下情况可适当省略。

① 剖视图按投影关系配置，而中间又没有其他图形隔开时，可省略剖切符号中的箭头，如图 2-8 所示的“*A*-*A*”剖视。

② 用单一剖切平面通过机件的对称平面或基本上对称的平面，且剖视图按投影关系配置，而中间又没有其他图形隔开时，可省略标注，如图 2-6 所示。

2.2.2　剖视图的种类

根据剖切范围的大小，剖视图可分为全剖视图、半剖视图和局部剖视图。

1. 全剖视图

用剖切面完全剖开机件所得的剖视图称为全剖视图。全剖视图一般适用于外形比较简单、内部结构较为复杂的机件，如图 2-9 所示。

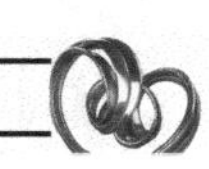

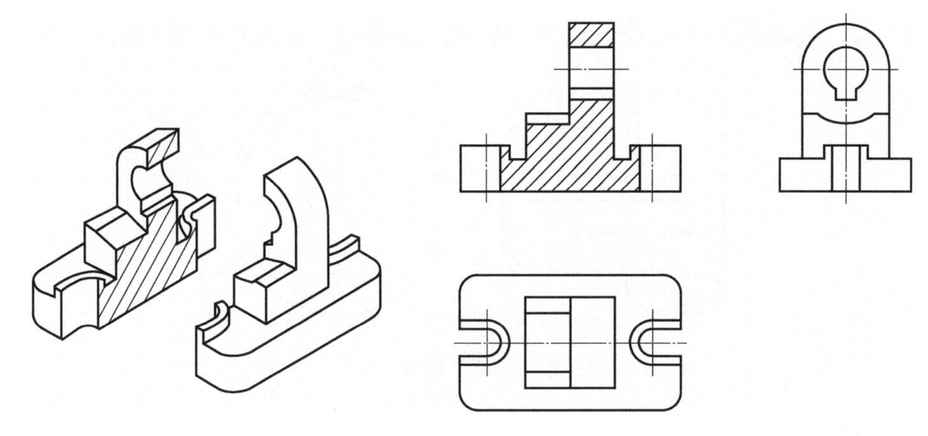

图 2-9　全剖视图

2. 半剖视图

当机件具有对称平面时，剖切后以对称中心线为界，一半画成剖视图，另一半画成视图，所得的图形，称为半剖视图，如图 2-10 所示。

半剖视图既表达了机件的内部形状，又保留了外部形状，所以常用于表达内、外形状都比较复杂的对称机件。

当机件的形状接近对称且不对称部分已另有图形表达清楚时，也可以画成半剖视图，如图 2-11 所示。

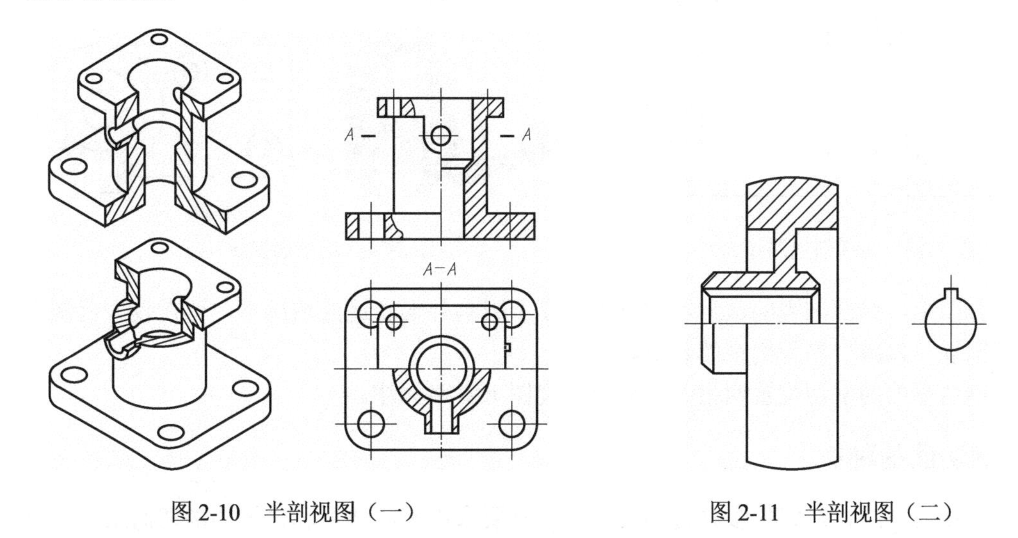

图 2-10　半剖视图（一）

图 2-11　半剖视图（二）

画半剖视图时应注意以下几点。

① 半个视图与半个剖视图的分界线必须用细点画线表示，而不能画成粗实线。

② 机件的内部形状已在半个剖视图中表达清楚，在半个视图中一般不再画出细虚线。

③ 半剖视图的标注方法与全剖视图完全相同。

3. 局部剖视图

用剖切面局部剖开机件所得的剖视图称为局部剖视图。如图 2-12 所示机件，虽然上下、前后都对称，但由于主视图中的方孔轮廓线与对称中心线重合，所以不宜采用半剖，这时应采用局部剖视，既可表达中间方孔内部的轮廓线，又保留了机件的部分外形。

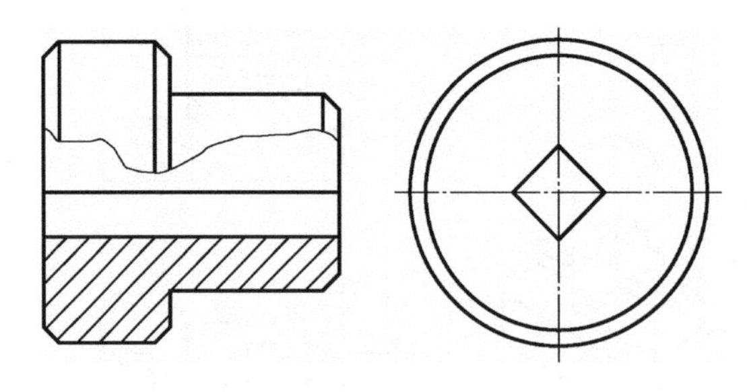

图 2-12　局部剖视图（一）

局部剖视图中，剖视图与视图之间应以波浪线为界，此时的波浪线也可当作机件断裂处的边界线。波浪线的画法应注意以下几点。

① 波浪线不能与图形中其他图线重合，也不要画在其他图线的延长线上。

② 波浪线不能超出图形轮廓线，如图 2-13 所示。

③ 波浪线不能穿空而过，如遇到孔、槽等结构时，波浪线必须断开，如图 2-14 所示。

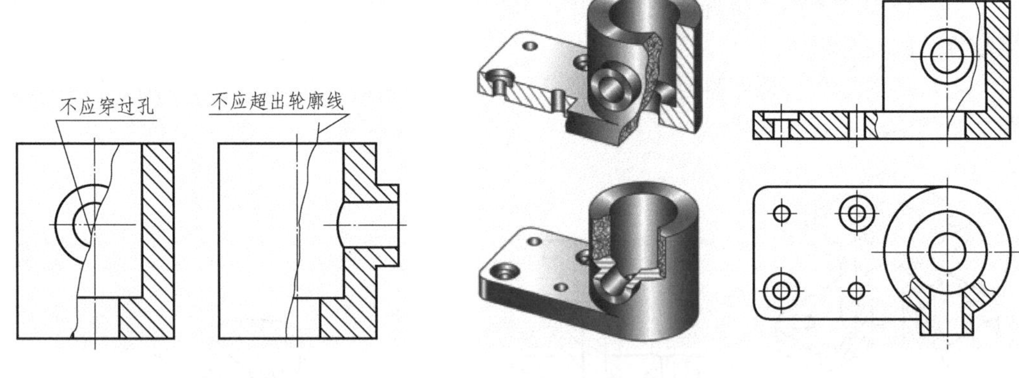

图 2-13　局部剖视图（二）　　图 2-14　局部剖视图（三）

一个视图中，局部剖视的数量不宜过多，在不影响外形表达的情况下，可在较大范围内画成局部剖视，以减少局部剖视的数量。

单一剖切平面的剖切位置明显时，局部剖视图可省略标注。

2.2.3　剖切面的种类

由于机件内部结构形状的多样性和复杂性，常要选用不同数量和位置的剖切面来剖开机件，才能把机件的内部形状表达清楚。国家标准规定，根据机件的结构特点，可选择以下剖切面：单一剖切面、几个平行的剖切面、几个相交的剖切面（交线垂直于某一投影面）。

1. 单一剖切面

单一剖切面可以是平行于基本投影面的剖切平面，如前所述的全剖视图、半剖视图和局部剖视图都是用这种剖切面剖开机件而得到的剖视图。单一剖切面也可以是不平行于基本投影面的斜剖切平面，如图 2-15 中的“B-B”。这种剖视图一般应与倾斜部分保持投影关系，但也可配置在其他位置。为了画图和读图方便，可把剖视图转正，但必须按规定标注，如图 2-15 所示。

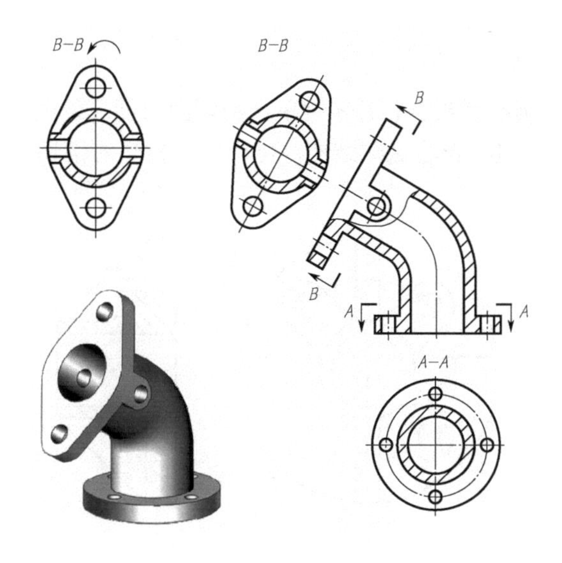

图 2-15　单一剖切面

2. 几个平行的剖切面

用几个平行的剖切面剖切机件，用来表达机件上位于几个平行平面上的内部结构。如图 2-16（a）所示轴承挂架，可采用两个平行的剖切面将机件剖开，同时将机件上下部分的内部结构表达清楚，如图 2-16（b）所示的“*A*-*A*”剖视。

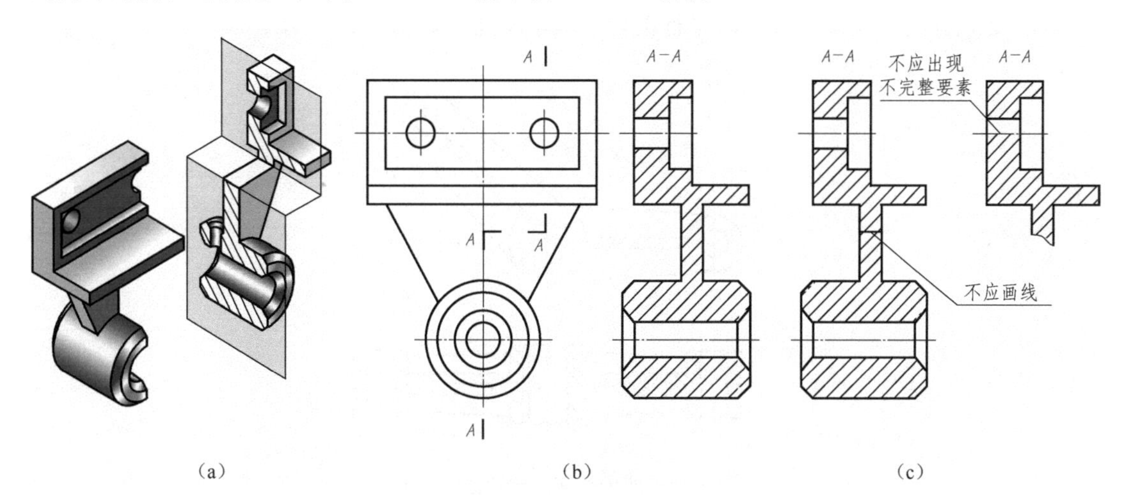

图 2-16　两个平行的剖切面

用平行剖切面剖切，画剖视图时应注意以下几点。

① 因为剖切面是假想的，所以不应画出剖切面转折处的投影，如图 2-16（c）所示。

② 剖视图中一般不应出现不完整结构要素，如图 2-16（c）所示。

③ 必须标注，其标注方法与单一剖切面基本相同，在剖切平面起讫和转折位置表示剖切位置，并注写和名称相同的字母，如图 2-16（b）所示。当转折处空间狭小又不致引起误解时，转折处允许省略字母。

3. 几个相交的剖切面

如图 2-17 所示为一圆盘状机件，若采用单一剖切面只能表达肋板的形状，不能反映小孔的形状。为了在主视图上同时表达这些结构，可用两个相交的剖切面剖开机件。

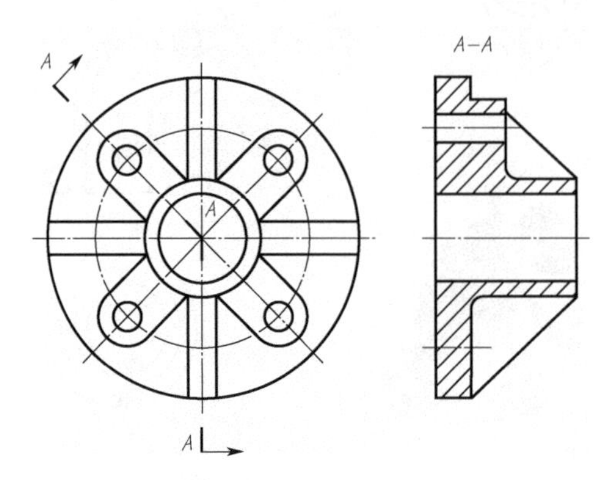

图 2-17　两个相交的剖切面（一）

用相交剖切面剖切，画剖视图时应注意以下几点。

① 相交剖切平面的交线应与机件上垂直于某一基本投影面的回转轴线重合。

② 应先将被剖切的结构旋转到与选定的基本投影面平行后，再进行投射，如图 2-18 所示。在剖切面后面的其他结构一般仍按原来位置投影，如图 2-18 中剖切面后面的小圆孔。

③ 必须标注，其标注方法与平行剖切面基本相同，如图 2-18 所示。

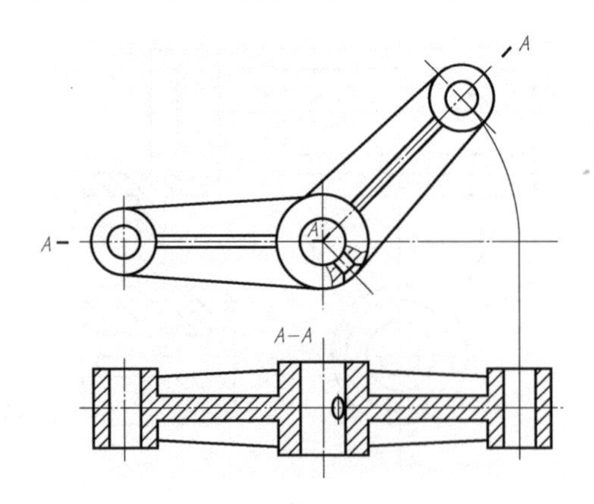

图 2-18　两个相交的剖切面（二）

2.3 断面图

2.3.1 断面的概念

假想用剖切平面将机件的某处切断，仅画出该剖切面与机件接触部分的图形，称为断面图，简称断面，如图 2-19（b）、（c）所示。

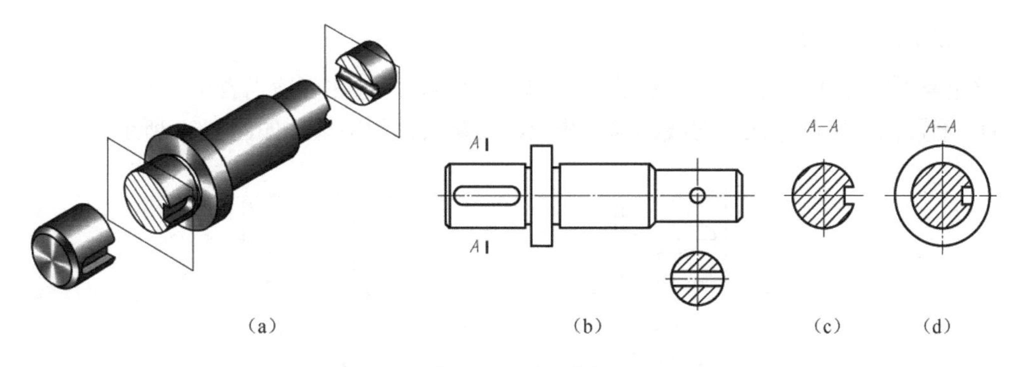

图 2-19　断面图

断面与剖视的主要区别在于：断面仅画出机件与剖切平面接触部分的图形；而剖视除需要画出剖切平面与机件接触部分的图形外，还要画出其后的所有可见部分的图形，如图 2-19（d）所示。

按断面画在图上的位置不同，可分为移出断面和重合断面两种。

2.3.2　移出断面

画在视图之外的断面，称为移出断面，如图 2-19（b）、（c）所示。

1．移出断面的画法

移出断面的轮廓线用粗实线绘制，并在断面上画上剖面符号；由两个或多个相交的剖切平面获得的移出断面，中间一般应断开，如图 2-20 所示；当剖切平面通过由回转面形成的孔或凹坑的轴线，或当剖切平面通过非回转面，但会导致出现完全分离的断面时，则这些结构应按剖视绘制，如图 2-21 所示。

图 2-20　两个相交的剖切平面获得的移出断面

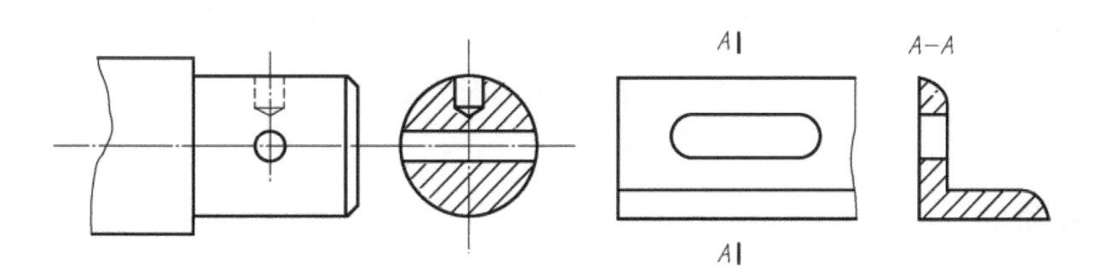

图 2-21　断面图的特殊画法

2. 移出断面的配置与标注

移出断面的标注方法与剖视图相同，根据配置不同，标注可适当省略。

① 配置在剖切符号或剖切线的延长线上，省略名称和字母，如图 2-22 所示。

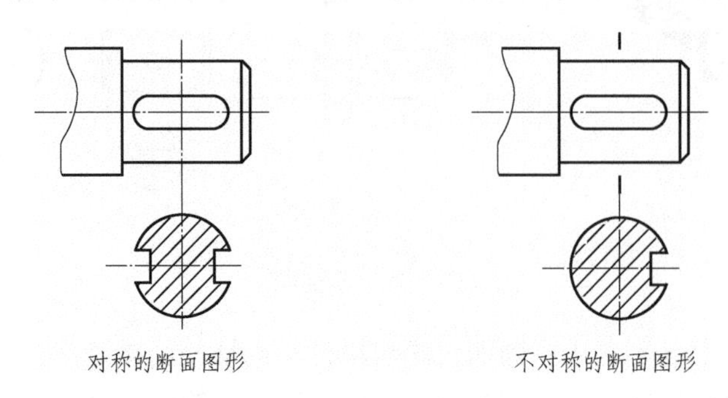

图 2-22 移出断面的标注（一）

② 按投影关系配置，省略投影方向，如图 2-23 所示。

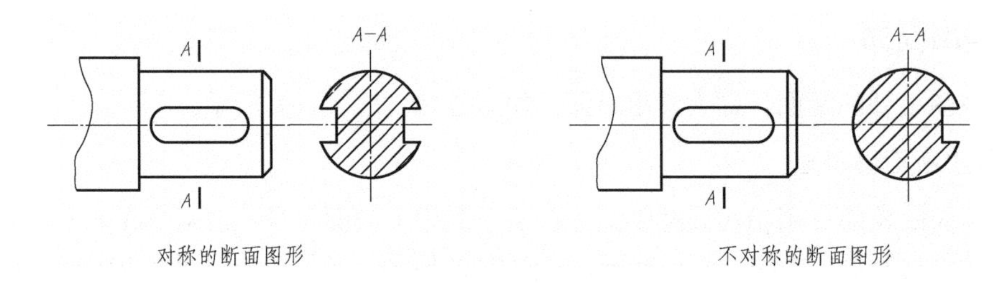

图 2-23 移出断面的标注（二）

③ 配置在其他位置，如图 2-24 所示。

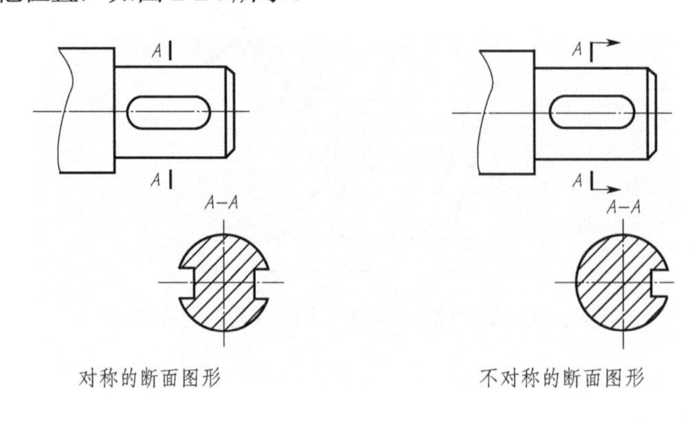

图 2-24 移出断面的标注（三）

2.3.3 重合断面

画在视图之内的断面图，称为重合断面。

重合断面的轮廓线用细实线绘制，如图 2-25（a）所示。当重合断面轮廓线与视图中轮廓线重叠时，视图的轮廓线仍应连续画出，不可间断，如图 2-25（b）所示。

对称的重合断面可不必标注，不对称的重合断面，在不致引起误解时可省略标注，如图 2-25（b）所示。

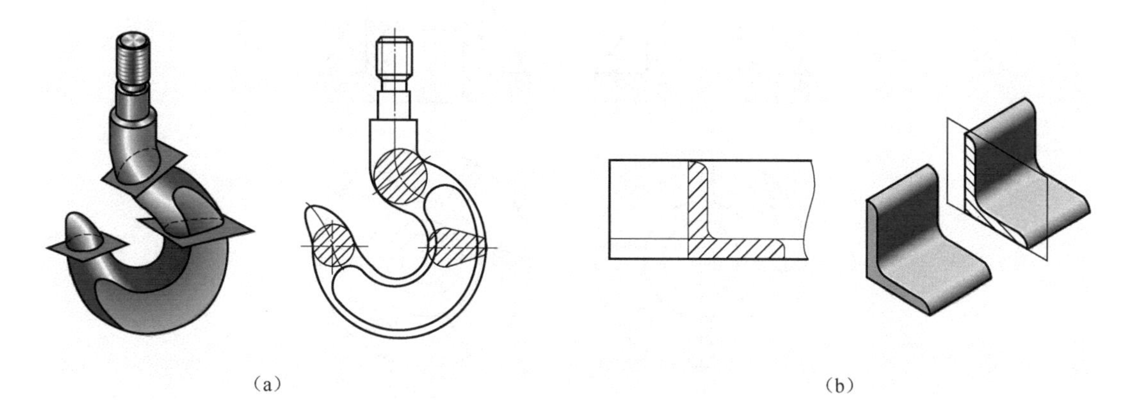

（a） （b）

图 2-25 重合断面

2.4 局部放大图和简化表示法

2.4.1 局部放大图

机件上某些细小结构在原视图中表达不清，或不便于标注尺寸时，可将这些部分用大于原图形所采用的比例画出，这种图形称为局部放大图，如图 2-26 所示。

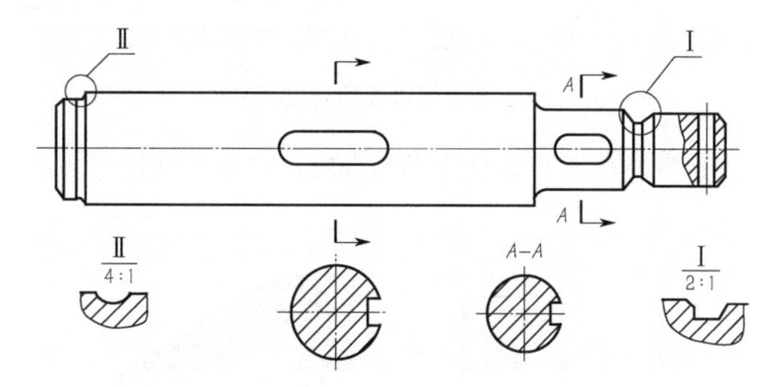

图 2-26 局部放大图

局部放大图可画成视图、剖视图或断面图，与被放大部位的表达方法无关。局部放大图应尽量配置在被放大部位的附近；绘制局部放大图时，应用细实线圈出被放大部位，当同一机件上有几处被放大时，应用罗马数字编号，并在局部放大图上方标注出相应的罗马数字和所采用的比例，如图 2-26 所示。

2.4.2 简化画法

① 机件上的肋、轮辐及薄壁等结构，纵向剖切（剖切面通过肋、轮辐的轴线或对称平面）时不画剖面符号，而用粗实线将它们与其邻接部分分开。当零件回转体上均匀分布的肋、轮辐、孔等结构不处于剖切平面上时，可将这些结构旋转到剖切平面上画出，

如图 2-27 所示。

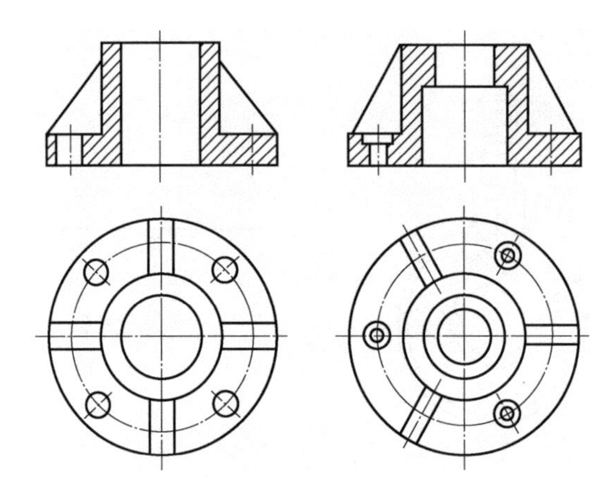

图 2-27　机件上的肋、轮辐、孔的画法

② 在不致引起误解时，图形中的相贯线和过渡线，可以用圆弧或直线代替，如图 2-28 所示。

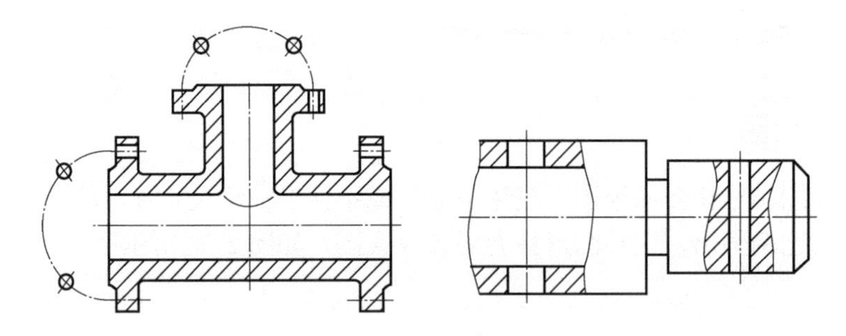

图 2-28　相贯线的简化画法

③ 当不能充分表达回转体零件表面上的平面时，可用平面符号（相交的两条细实线）表示（图 2-29）。

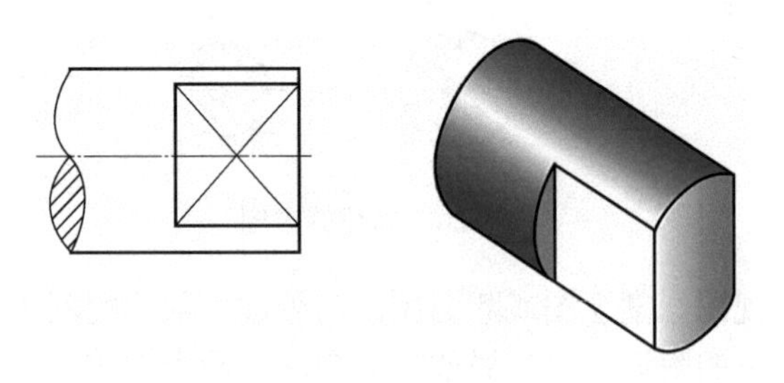

图 2-29　平面符号

④ 对称机件的视图可只画一半或 1/4，并在对称中心线的两端画两条与其垂直的平行细实线，如图 2-30 所示。这种简化画法是局部视图的一种特殊画法。

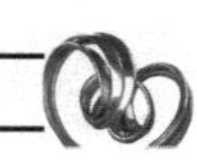

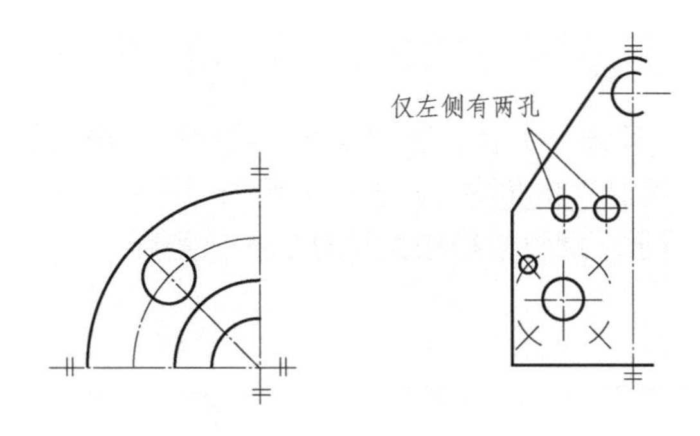

图 2-30　对称机件的简化画法

⑤ 较长机件沿长度方向的形状一致或按一定规律变化时，可断开后缩短绘制，但尺寸仍按机件的设计要求标注，如图 2-31 所示。

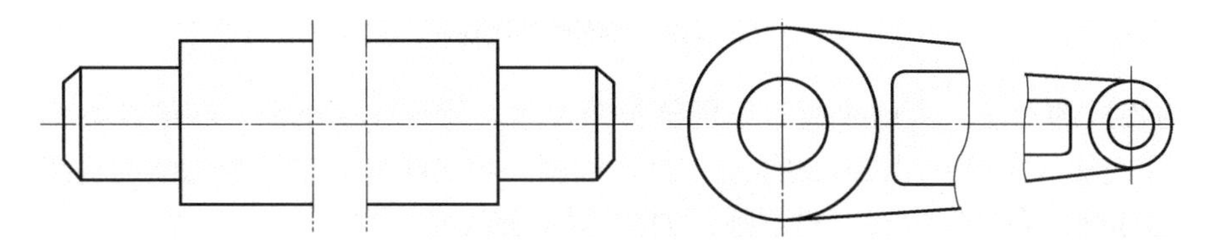

图 2-31　较长机件的折断画法

⑥ 相同结构的简化画法，如图 2-32 所示。

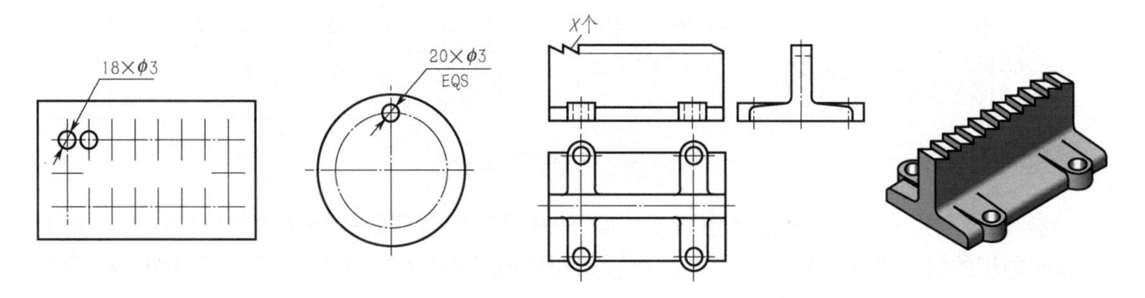

图 2-32　相同结构的简化画法

2.5 常用零件的表示方法

在机器和设备中，经常需要用到螺栓、螺母、齿轮、键、滚动轴承、弹簧等标准件和常用件，这些零件应用广、用量大，且结构与尺寸都已经全部或部分标准化，为了减少设计和绘图的工作量，国家标准规定了简化的特殊表示法。本节侧重于介绍它们的规定画法，其结构要素、标记等知识将在“机械基础”部分详细介绍。

2.5.1 螺纹及螺纹紧固件表示法

螺纹属于标准结构要素，国家标准《机械制图 螺纹及螺纹紧固件表示法》（GB/T 4459.1—1995）中规定了螺纹的画法。

1. 螺纹的画法规定

① 外螺纹的画法：牙顶线（大径）和螺纹终止线用粗实线绘制，牙底线（小径）用细实线绘制，小径的细实线应画入倒角内；在投影为圆的视图中，牙底线只画约 3/4 圈，倒角圆省略不画，如图 2-33 所示。螺纹小径按大径的 0.85 倍绘制。

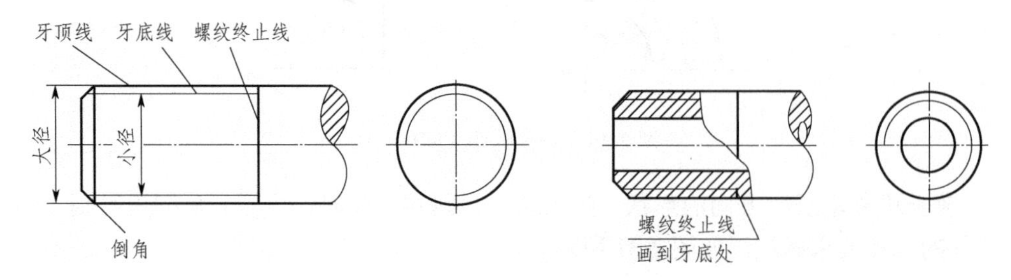

图 2-33　外螺纹的画法

② 内螺纹的画法：内螺纹通常采用剖视图表达，牙顶线（小径）和螺纹终止线用粗实线绘制，牙底线（大径）用细实线绘制，剖面线画到粗实线处；在投影为圆的视图中，牙底线只画约 3/4 圈，孔口倒角圆省略不画，如图 2-34 所示。

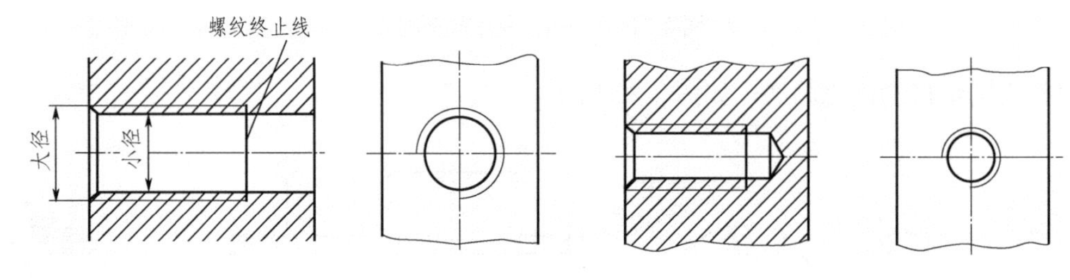

图 2-34　内螺纹的画法

③ 螺纹连接的画法：在剖视图中，内、外螺纹的旋合部分按外螺纹的画法绘制，未旋合部分仍按各自的画法表示，表示大、小径的粗实线和细实线应分别对齐。螺杆纵向剖切时（剖切面过轴线）按不剖绘制，如图 2-35 所示。

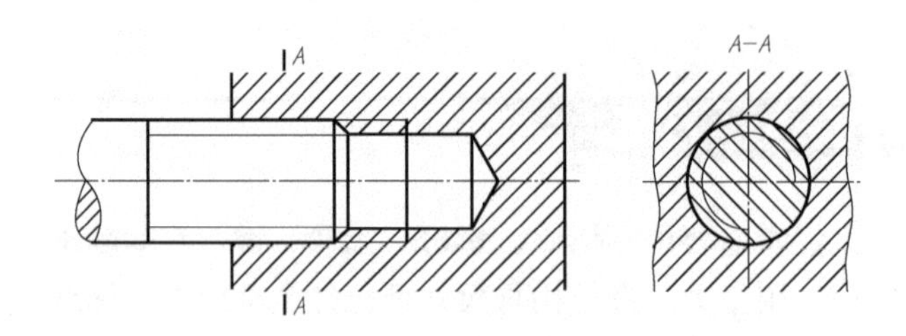

图 2-35　螺纹连接的画法

2. 螺纹标记的图样标注

① 公称直径以 mm 为单位的螺纹，其标记应直接注在大径的尺寸线上或其引出线上，如图 2-36 所示。

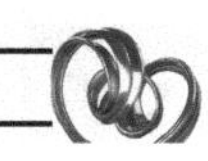

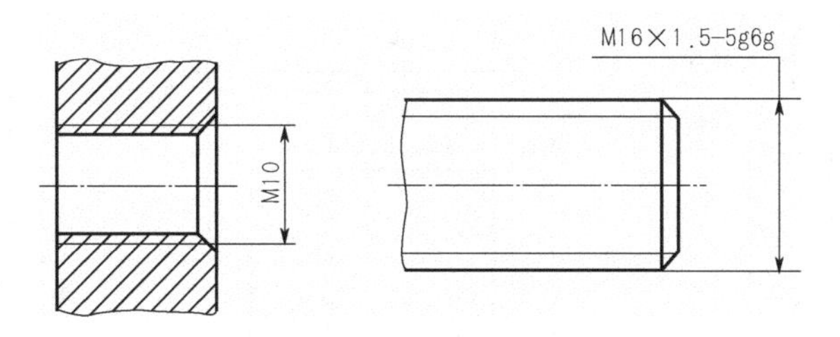

图 2-36　螺纹标记的图样标注（一）

② 管螺纹的标记注在引出线上，引出线由大径处或对称中心处引出，如图 2-37 所示。

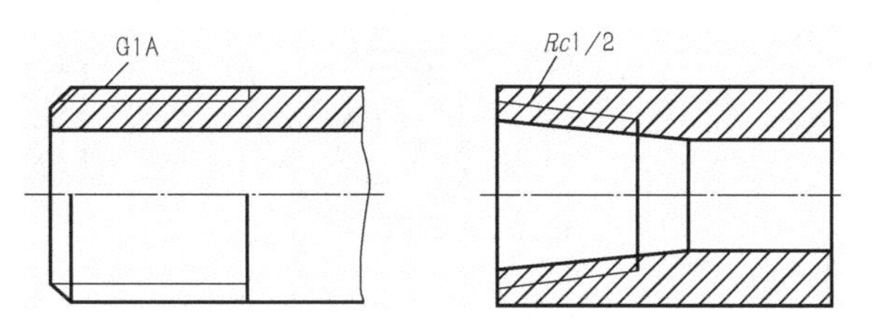

图 2-37　螺纹标记的图样标注（二）

3. 螺纹紧固件的连接画法

在装配体中，零件与零件或部件与部件间常用螺纹紧固件进行连接，最常用的连接形式有螺栓连接、螺柱连接和螺钉连接，如图 2-38 所示。在装配图中，常用螺纹紧固件都采用简化画法绘制，同时各部分的尺寸根据螺纹的公称直径，按比例画法绘制。

螺纹紧固件连接画法的规定：当剖切平面通过螺杆的轴线时，螺栓、螺柱、螺钉及螺母、垫圈等均按未剖切绘制；两零件接触表面画一条线，不接触表面画两条线；相接触两零件的剖面线方向相反。

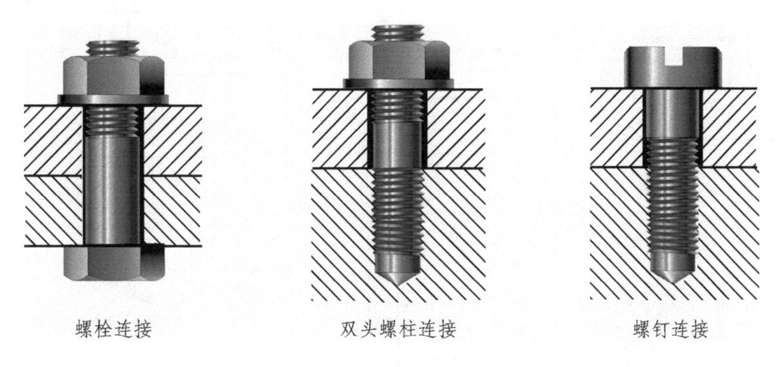

图 2-38　常用连接形式

（1）螺栓连接

螺栓用来连接两个不太厚并能钻成通孔的零件，连接时将螺栓穿过两零件的光孔（孔径 = 1.1d），再套上垫圈，然后用螺母紧固，如图 2-39 所示。

螺栓的公称长度 $l \geq \delta_1+\delta_2+h+m+a$（计算后查表取最接近的标准长度）。

根据螺纹的公称直径 d 按下列比例作图：$b = 2d$，$h = 0.15d$，$m = 0.8d$，$a = 0.3d$，$k = 0.7d$，$e = 2d$，$d_2 = 2.2d$。

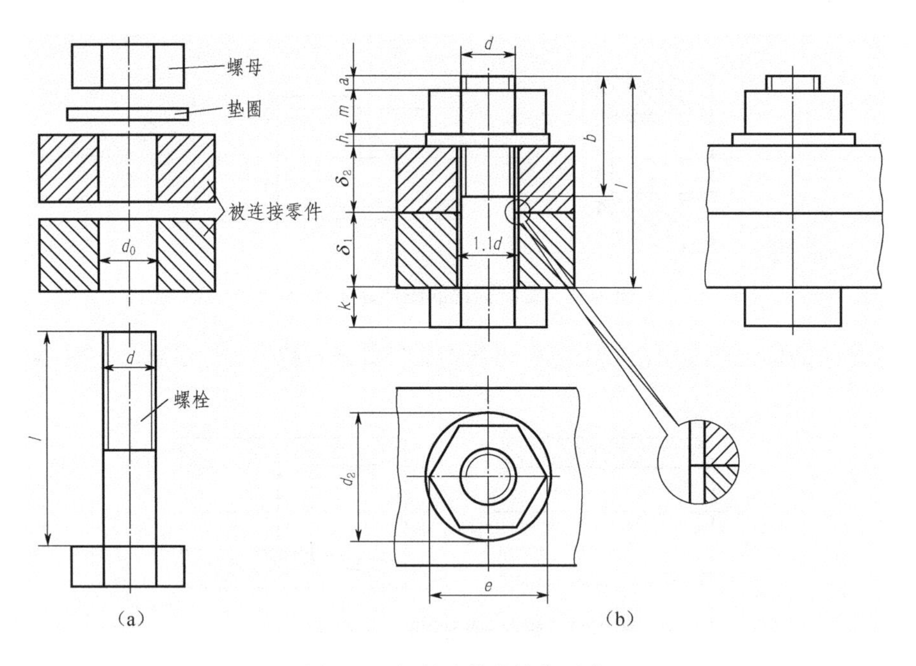

图 2-39　螺栓连接的简化画法

（2）双头螺柱连接

双头螺柱用于连接一厚一薄两零件。厚件上加工螺孔，薄件加工通孔，先将双头螺柱的一端（旋入端）全部旋入螺孔内，再将另一端（紧固端）穿过薄件的通孔，再套上垫圈，并拧紧螺母，如图 2-40 所示。

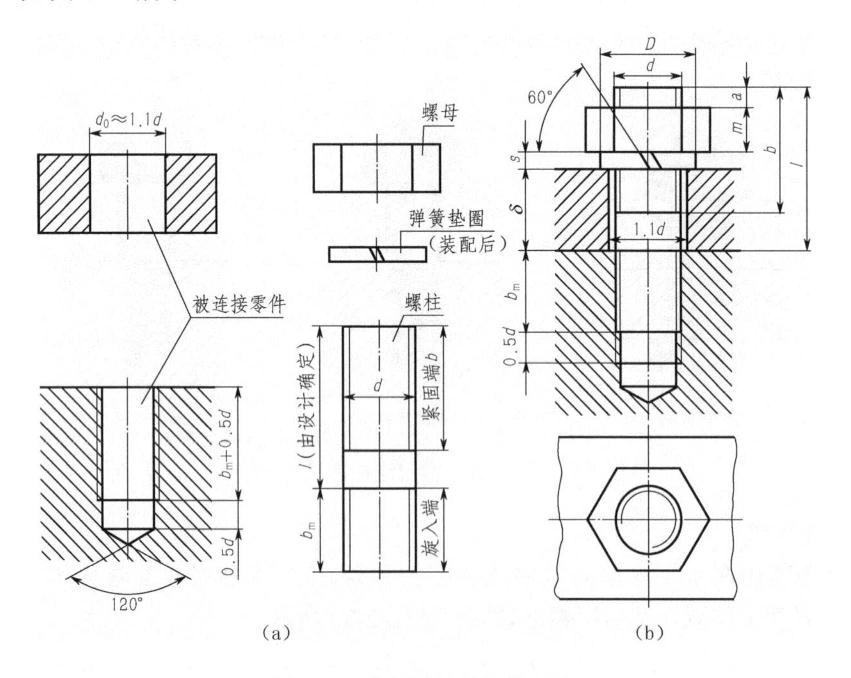

图 2-40　螺柱连接的简化画法

旋入端的长度 b_m 要根据被旋入件的材料而定，材料为钢时，b_m=1d；材料为铸铁或铜时，

b_m=1.25d～1.5d；被连接件为铝合金等轻金属时，取 b_m= 2d。

螺柱的公称长度 $l \geqslant \delta + s + m + a$（查表取最接近的标准长度），按比例作图时，取 $s = 0.2d$，$m = 0.8d$，$a = 0.3d$，$D = 1.5d$，$b = 2d$。旋入端的螺纹终止线应与结合面平齐，表示旋入端已经拧紧。

（3）螺钉连接

螺钉按用途可分为连接螺钉和紧定螺钉两种，前者用于连接零件，后者用于固定零件。

螺钉连接一般用于受力不大又不经常拆卸的场合。装配时将螺钉穿过被连接件的通孔，旋入另一被连接件的螺孔中并旋紧，从而将两零件紧固在一起，如图 2-41 所示。

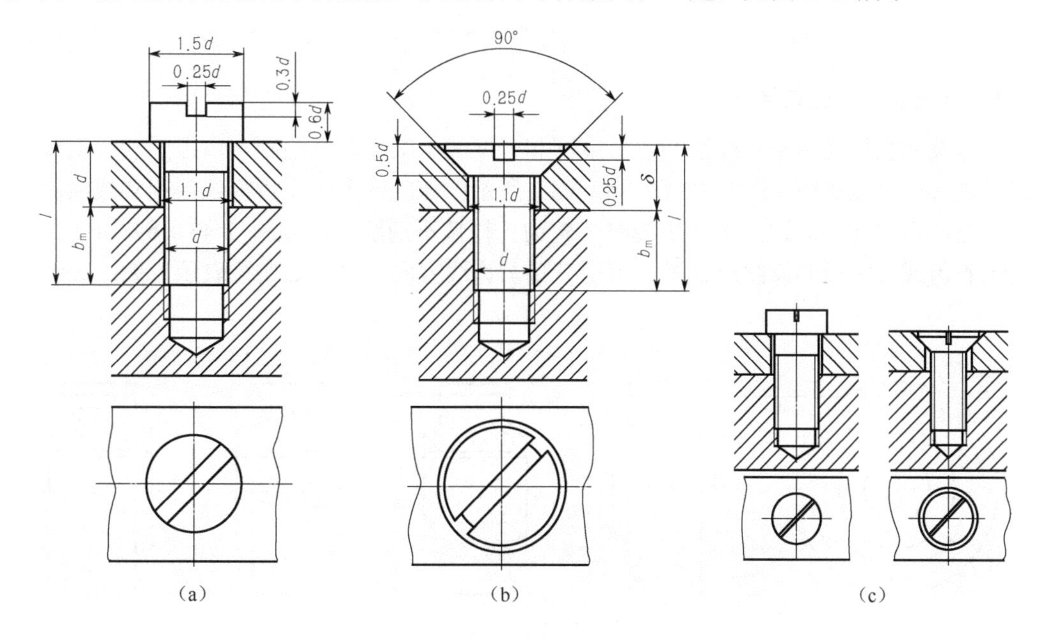

图 2-41　螺钉连接的简化画法

除头部之外，螺钉连接的画法与螺柱连接相似，但螺钉的螺纹终止线应画在结合面之上；螺钉头部，在主视图中应被放正，在俯视图中规定画成与水平方向 45°倾斜。

螺钉的公称长度 $l = \delta + b_m$，b_m 的取值方式与螺柱连接相同，计算后查表确定标准长度。

紧定螺钉用于固定两个零件的相对位置，适用于受力不大和经常拆卸的场合，紧定螺钉连接的画法如图 2-42 所示。

2.5.2　圆柱齿轮的画法规定

齿轮是机器（或部件）中应用十分广泛的传动零件，用来传递运动和动力，改变轴的转向和转速。常见的传动齿轮有三种：圆柱齿轮传动，用于两平行轴间的传动；圆锥齿轮传动，用于两相交轴间的传动；蜗杆蜗轮传动，用于两交错轴间的传动。齿轮是常用件，轮齿部分的结构已经标准化，本节只介绍圆柱齿轮的规定画法。

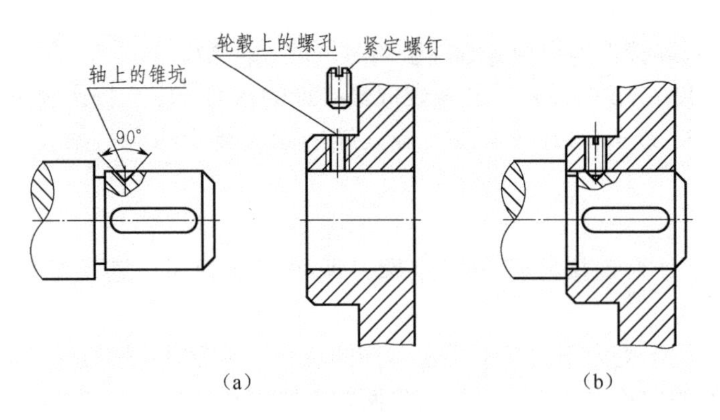

图 2-42　紧定螺钉连接的画法

1. 单个圆柱齿轮的画法

齿顶圆和齿顶线用粗实线绘制，分度圆和分度线用细点画线绘制，齿根圆和齿根线用细实线绘制（也可以省略不画），如图 2-43（a）所示；在剖视图中，齿根线用粗实线绘制，且不能省略，当剖切平面通过齿轮轴线时，轮齿一律按不剖绘制，如图 2-43（b）所示；当需要表示斜齿或人字齿的齿线形状时，可用三条与齿线方向一致的细实线表示，如图 2-43（c）所示。

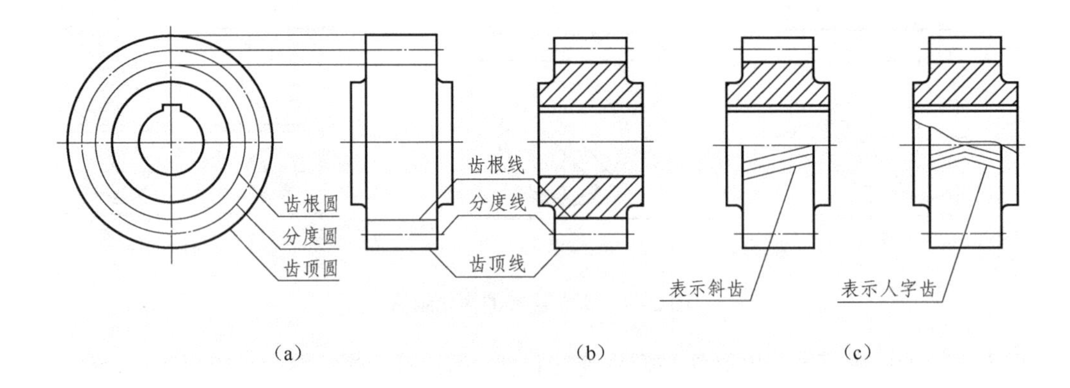

图 2-43　圆柱齿轮的画法

2. 直齿圆柱齿轮啮合的画法

① 在垂直于齿轮轴线的投影面的视图（反映为圆的视图）中，两分度圆应相切，齿顶圆均按粗实线绘制，如图 2-44（a）所示；啮合的齿顶圆也可以省略不画。齿根圆全部省略不画，如图 2-44（b）所示。

② 在平行于齿轮轴线的投影面的视图（非圆视图）中，当采用剖视且剖切平面通过两齿轮轴线时，在啮合区，将一个齿轮的轮齿用粗实线绘制，另一个齿轮的轮齿被遮挡的部分用虚线绘制［图 2-44（a）主视图］，虚线也可省略。当采用视图时，在啮合区只用粗实线画出节线，非啮合区的节线仍用细点画线绘制，齿根线均不画出［图 2-44（c）］。

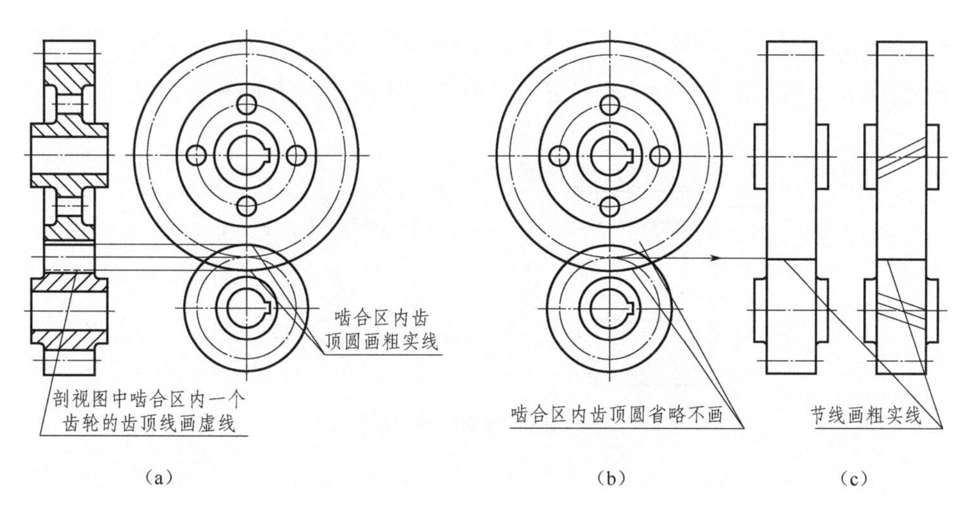

图 2-44　啮合圆柱齿轮的画法

2.5.3　键连接和销连接的画法

键和销都是标准件，键主要用于轴和轴上的传动件（如齿轮、带轮）之间的周向连接，以传递扭矩和运动。销通常用于零件之间的连接或定位。

1. 键连接

键的种类很多，常用的有普通平键、半圆键和楔键三种，本节只介绍普通平键连接，如图 2-45 所示。

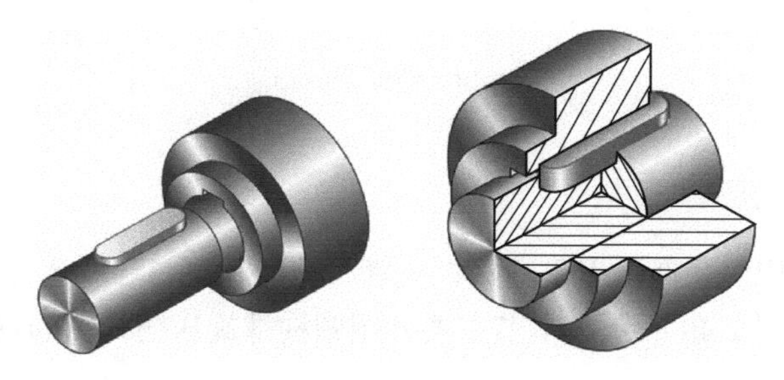

图 2-45　键连接

（1）键槽的画法及尺寸标注

键的宽度 b 要根据轴的直径 d 查表确定，轴上的槽深 t_1 和轮毂上的槽深 t_2 可从标准中查得，键的长度 L 应小于或等于轮毂的长度。键槽的画法及尺寸标注如图 2-46 所示。

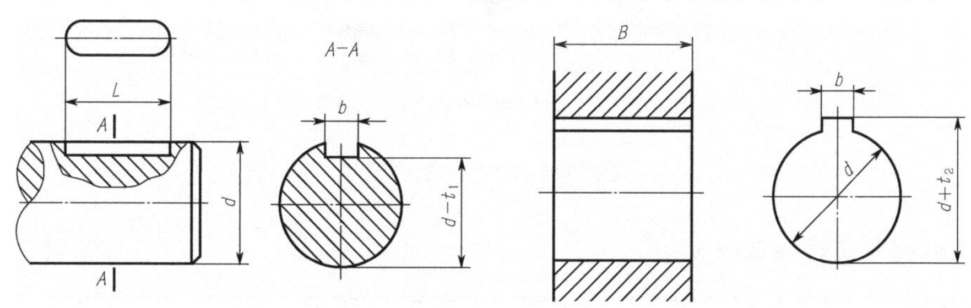

图 2-46　键槽的画法及尺寸标注

（2）键连接画法

键的宽度 b 和高度 h 根据轴的直径 d 查表确定，键连接画法如图 2-47 所示。

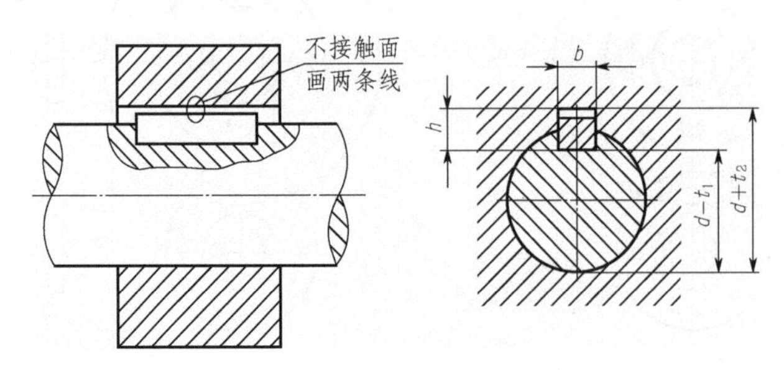

图 2-47　键连接的画法

2. 销连接

常用的销有圆柱销、圆锥销和开口销。圆柱销和圆锥销的连接画法如图 2-48 所示。

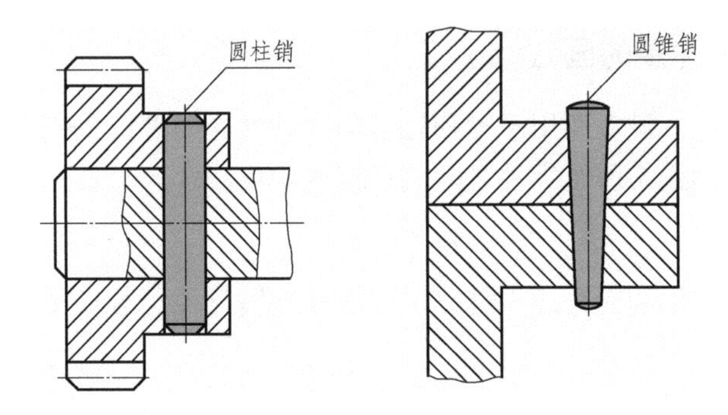

图 2-48　销连接的画法

2.5.4　弹簧的表示法

弹簧是机械中常用的零件，用于减振、夹紧、储能和测力等。弹簧种类很多，使用较多是圆柱螺旋弹簧，如图 2-49 所示。本节主要介绍圆柱螺旋压缩弹簧的规定画法。

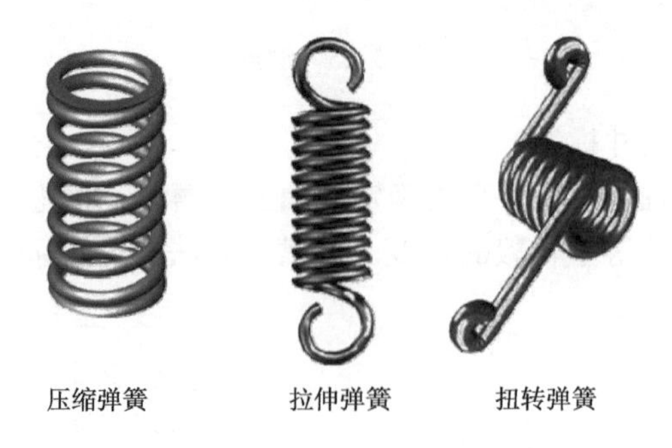

图 2-49　圆柱螺旋弹簧

1. 圆柱螺旋压缩弹簧的画法

圆柱螺旋压缩弹簧可画成视图、剖视图，如图 2-50 所示。画图时应注意以下几点。

① 在平行于轴线的视图中，其各圈的轮廓画成直线。

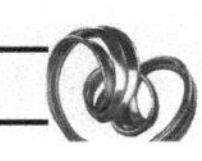

② 有效圈数在四圈以上时，允许两端只画两圈，中间省略不画，长度可适当缩短。

③ 弹簧不论左旋或右旋，均可画成右旋，但左旋弹簧要注明旋向。

④ 两端并紧且磨平时，不论支承圈数多少和末端并紧情况，都按支承圈为 2.5 圈、磨平圈为 1.5 圈绘制。

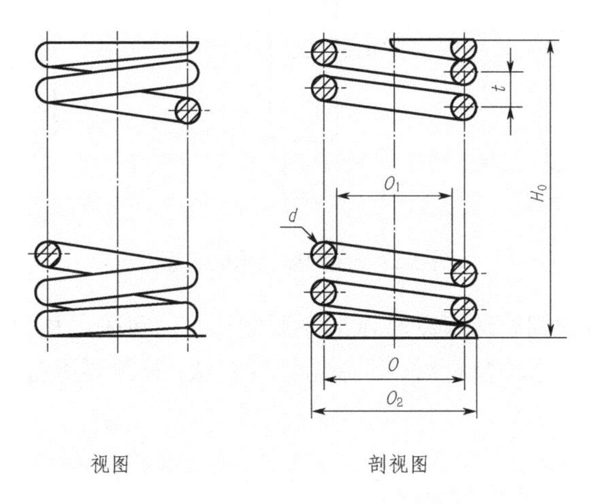

图 2-50 圆柱螺旋压缩弹簧的画法

2. 圆柱螺旋压缩弹簧在装配图中的画法

在装配图中，弹簧被看成实心物体，因而被弹簧挡住的结构一般不画出，被剖切后的簧丝直径在图形上等于或小于 2mm 时，可用涂黑表示，且各圈的界线廓线不画，如图 2-51（b）所示；也允许用示意图绘制，如图 2-51（c）所示。

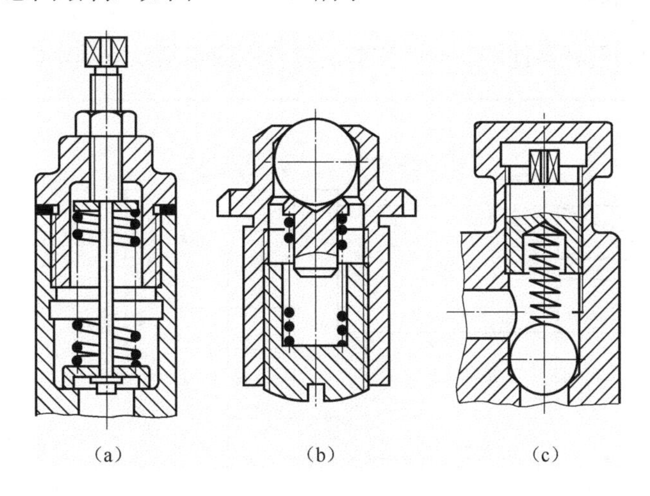

图 2-51 装配图中弹簧的画法

2.5.5 滚动轴承的表示法

滚动轴承是用来支承旋转轴的部件，它结构紧凑，摩擦阻力小，能在较大载荷、较高转速下工作，转动精度较高。滚动轴承的结构及尺寸已经标准化，选用时可查阅有关标准。

国家标准规定了滚动轴承的简化画法和规定画法，简化画法又分为通用画法和特征画法，如图 2-52 所示为深沟球轴承的表示法。

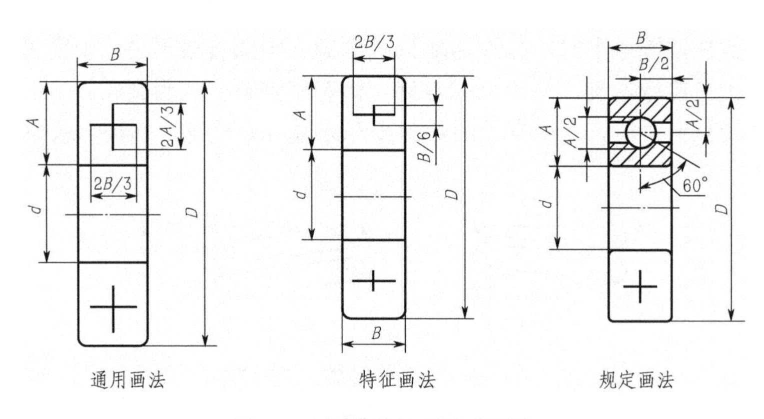

图 2-52 深沟球轴承的表示法

在装配图中需要较详细表达滚动轴承的主要结构时，可采用规定画法；在装配图中需要较形象地表达滚动轴承的结构特征时，可采用特征画法；只需要用符号表示滚动轴承的场合，可采用通用画法。

2.6 零件图的识读

任何一台机器或部件都是由若干零件装配而成的，制造机器首先要加工零件。表示零件的结构形状、大小和有关技术要求的图样称为零件图，零件图是制造和检验零件的主要依据。本节主要介绍识读零件图的基本方法。

2.6.1 零件图的内容

如图 2-53 所示为阀杆零件图。一张完整的零件图应包括以下基本内容。

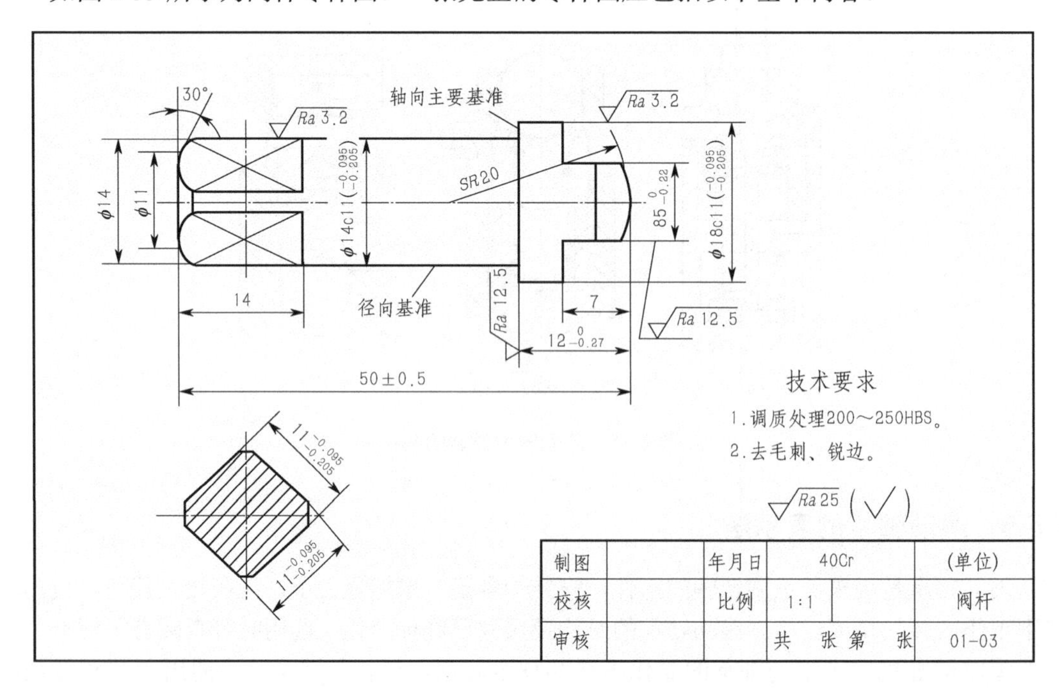

图 2-53 阀杆零件图

1. 一组图形

要求正确、完整、清晰和简便地表达出零件内外结构形状，可综合采用机件的各种表达方法，如视图、剖视图、断面图、局部放大图和简化画法等。

2. 完整的尺寸

正确、齐全、清晰、合理地标注零件在制造和检验时所需要的全部尺寸。

3. 技术要求

用规定的符号、代号、标记和文字说明等简明地给出零件在制造和检验时所应达到的各项技术指标和要求，如尺寸公差、几何公差、表面结构、热处理等。

4. 标题栏

填写零件名称、材料、比例、图号，以及设计、审核人员的责任签字等。

2.6.2 读零件图的方法

读零件图的目的是根据零件图想象零件的结构形状，弄清零件的尺寸和技术要求，了解零件在机器中的作用。

下面以图 2-53 所示阀杆零件图为例，介绍读零件图的方法和步骤。

1. 概括了解

首先看标题栏，了解零件的名称、材料、比例等，然后根据装配图了解零件的作用和与其他零件间的装配关系。

从标题栏可知，零件的名称是阀杆，属轴套类零件，材料是 40Cr，比例为 1∶1。由图 2-54 所示球阀轴测装配图可了解阀杆在装配图中的位置，以及和相邻零件的装配关系。

2. 分析视图，想象结构形状

根据视图布局，首先确定主视图，围绕主视图分析其他视图的配置，明确各视图的表达重点。根据投影关系和表达方法，以形体分析法为主，分析零件各部分的形状和作用，进而综合想象整个零件的形状。

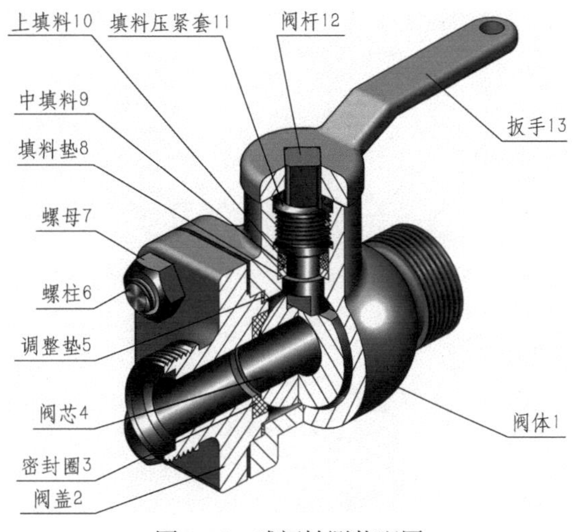

图 2-54 球阀轴测装配图

阀杆零件图用两个图形表达，主视图表达各部分的形状和大小，结合移出断面可知，左端为四棱柱，与扳手的方孔配合；中间是两段圆柱，分别与填料压紧套和阀体相配合；右端为带球面的凸榫，嵌入阀芯的凹槽内，以便使用扳手转动阀杆时，带动阀芯转动，控制球阀的启闭和流量。

3. 分析尺寸

根据零件的形体结构，分析确定长、宽、高各方向的主要基准。找出各部分的定形、定位尺寸和总体尺寸。

阀杆以轴线作为径向尺寸基准，由此注出各部分尺寸ϕ11、ϕ14、ϕ14c11（$^{-0.095}_{-0.205}$）、ϕ18c11（$^{-0.095}_{-0.205}$）。以ϕ18c11 的左端面轴向主要基准，由此注出尺寸$12^{\ 0}_{-0.27}$；以右端面为轴向第一辅助基准，注出 7、50±0.5；以左端面为轴向第二辅助基准，注出尺寸 14。

4. 分析技术要求

读懂图中各项技术要求，如表面结构要求、尺寸公差、几何公差和热处理等内容。

ϕ14c11 和ϕ18c11 分别与球阀中的填料压紧套和阀体有配合关系，又有相对运动，所以表面粗糙度要求较严，*Ra* 值为 3.2μm；ϕ18c11 的左端面和右端的凸榫上下面要求较低，*Ra* 值为 12.5μm；其余表面为 *Ra* 25μm。

阀杆经调质处理，以提高材料的韧性和强度。

第3章 装配图和焊接图

装配图是表达机器或部件的图样，主要用来表达机器或部件的工作原理、各零件间的相对位置、装配关系和技术要求。装配图是生产中的重要技术文件。在设计新产品时，一般先根据设计思想绘制出装配图，然后由装配图绘制零件图；零件加工后，再根据装配图装配成机器或部件；在使用和维修时，还需要通过装配图来了解机器的结构。

3.1 装配图的内容和表示法

3.1.1 装配图的内容

从图 3-1 所示的滑动轴承装配图中可以看出，一张完整的装配图应包括以下几项内容。

1. 一组图形

用一组图形正确、完整、清晰地表达机器或部件的工作原理、装配关系、连接方式和主要零件的结构形状。可综合采用机件的各种表达方法，但由于装配图表达重点不同，还需要一些规定的表示法和特殊的表示法。

2. 必要的尺寸

标注出反映机器（或部件）的规格性能尺寸、装配尺寸、安装尺寸、总体尺寸等。

3. 技术要求

用文字或代号说明机器或部件在装配、调试、检验、安装和使用中应遵守的技术条件和要求。

4. 标题栏、零件序号和明细栏

为了便于组织生产和图样管理，在装配图上对每种零件或部件编注序号，并在明细栏说明各零件或部件的名称、数量、材料等内容。在标题栏中要注明装配体名称、图号、绘图比例以及有关人员的责任签字等。

3.1.2 装配图画法的基本规则

① 相邻两个零件的接触面和配合面，只画一条轮廓线；不接触的两零件表面，无论间隙大小，均要画成两条轮廓线，如图 3-2 所示。

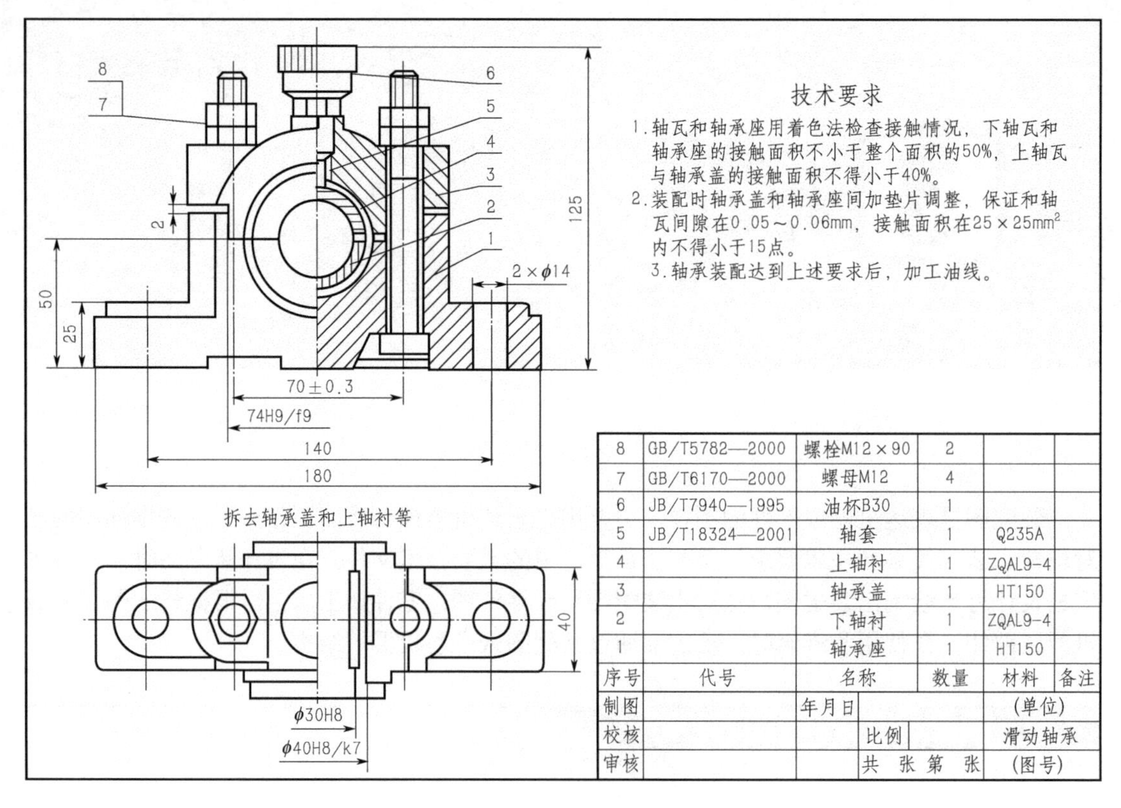

8	GB/T5782—2000	螺栓M12×90	2		
7	GB/T6170—2000	螺母M12	4		
6	JB/T7940—1995	油杯B30	1		
5	JB/T18324—2001	轴套	1	Q235A	
4		上轴衬	1	ZQAL9-4	
3		轴承盖	1	HT150	
2		下轴衬	1	ZQAL9-4	
1		轴承座	1	HT150	
序号	代号	名称	数量	材料	备注
制图		年月日		(单位)	
校核			比例	滑动轴承	
审核			共 张 第 张	(图号)	

图 3-1　滑动轴承装配图

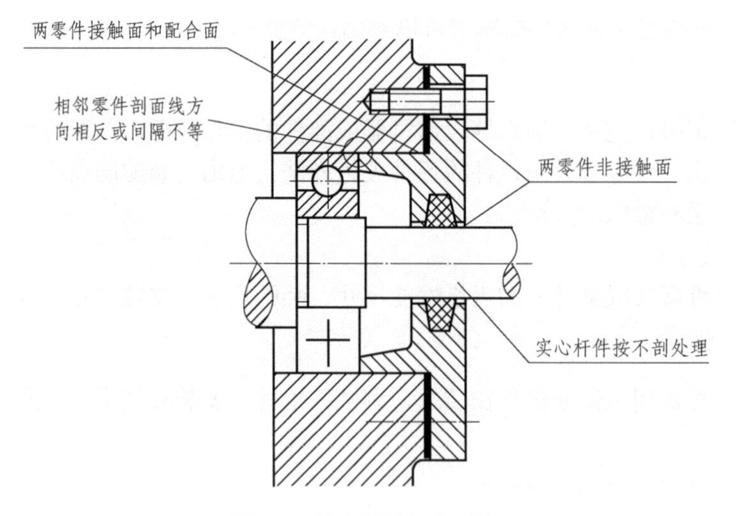

图 3-2　装配图的规定画法

② 相邻两零件的剖面线必须不同，即方向不同或方向相同间隔明显不等，如图 3-2 所示。装配图中同一零件在所有剖视、断面图中的剖面线方向、间隔须完全一致。

③ 剖切平面通过紧固件及轴、球、手柄、键、销、连杆等实心零件的对称平面或轴线时，这些零件均按不剖绘制，如图 3-2 所示。

3.1.3 装配图的特殊画法

1. 拆卸画法（或沿零件结合面的剖切画法）

在装配图中，当某些零件遮住了需要表达的结构和装配关系时，可假想沿某些零件结合面的剖切或假想拆卸某些零件后绘制，并标注“拆去 XX 等”，如图 3-1 所示的滑动轴承装配图中，俯视图就是沿轴承盖与轴承座结合面剖切后绘制的半剖视图，用来表示轴瓦和轴承座的装配关系。

2. 假想画法

在装配图中，为了表达与本部件有装配关系但又不属于本部件的相邻零、部件时，可用双点画线画出相邻零、部件的部分轮廓。如图 3-3 所示的主轴箱。

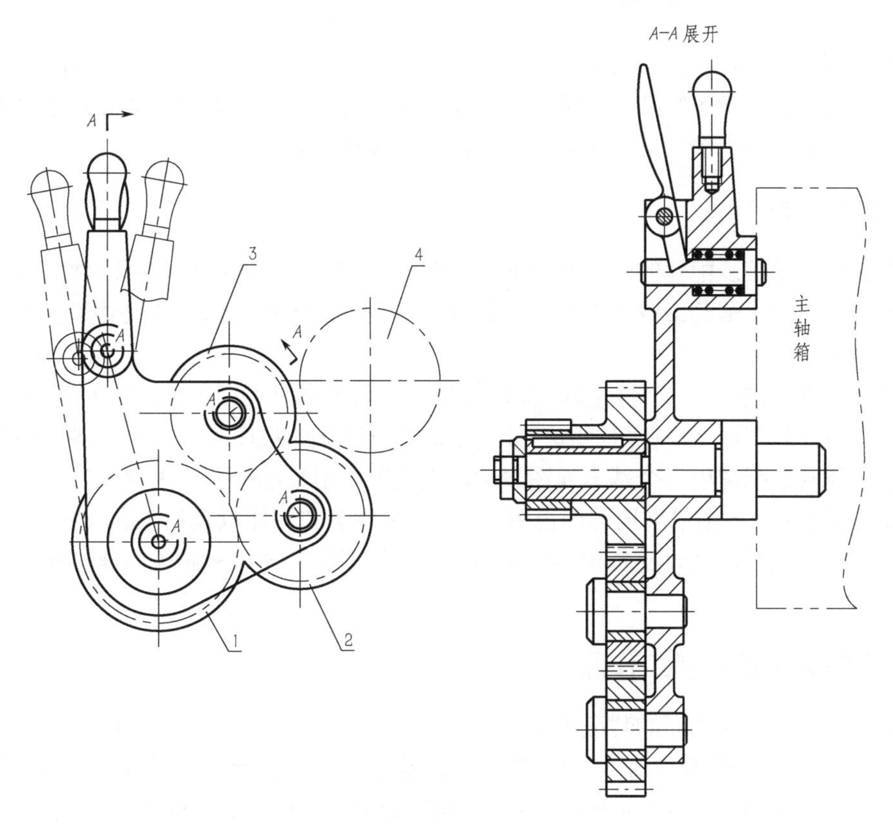

图 3-3　假想画法与展开画法

为了表示运动零件的运动范围或极限位置，可用细实线画出该零件的一个极限位置，另一个极限位置则用细双点画线表示，如图 3-3 中的手柄。

3. 展开画法

为了表达传动机构的传动路线和装配关系，可假想按传动顺序沿轴线剖切，然后依次展开，将剖切面均旋转到与选定的投影面平行的位置，再画出其剖视图，这种画法称为展开画法，如图 3-3 所示。

4. 简化画法

① 在装配图中，若干相同的零、部件组，可详细地画出一组，其余只用点画线表示其位置即可，如图3-2所示的螺钉连接。

② 在装配图中，零件的工艺结构，如倒角、圆角、退刀槽、拔模斜度、滚花等均省略不画，如图3-2所示的轴。

5. 夸大画法

在装配图中，对薄垫片或小间隙，无法按实际尺寸画出或图线密集难以区分时，可将其适当夸大画出，如图3-2所示的垫片。

3.2 装配图的识读

读装配图是工程技术人员必备的一种能力。读装配图的要求：了解装配体的名称、用途、性能和工作原理；明确各零件之间的装配关系、连接方式和装拆顺序；读懂各主要零件的结构形状及其在装配体中的功用；了解装配体的尺寸和技术要求。

3.2.1 概括了解

从标题栏中了解装配体的名称和用途，由明细栏和序号了解零件和标准件的名称、数量和所在位置，从而了解其组成情况及复杂程度。由视图的配置、标注的尺寸和技术要求可知该部件特点和大小。

如图3-4所示装配图的名称是球阀，球阀是管道系统中用来启闭或调节流体流量的部件。从明细栏中可知球阀由13种零件组成，其中标准件有2种。按序号依次查明各零件的名称和所在位置。球阀装配图由三个基本视图表达。主视图采用全剖视图，主要反映该阀的组成、结构和工作原理；俯视图采用局部剖视图，主要反映阀盖和阀体以及扳手和阀杆的连接关系；左视图采用半剖视图，主要反映阀盖和阀体等零件的形状及阀盖和阀体间连接孔的位置和尺寸等。

3.2.2 了解装配关系和工作原理

分析部件中各零件之间的装配关系，并读懂部件的工作原理，是读装配图的重要环节。

从主视图可知，球阀有两条装配线，一条是水平方向，另一条是垂直方向。其装配关系是：阀盖2和阀体1用四个双头螺柱和螺母连接，阀芯4通过两个密封圈定位于阀体空腔内，并用合适的调整垫5调节阀芯与密封圈之间的松紧程度。在阀体垂直方向上装配有阀杆，通过填料压紧套11与阀体内的螺纹旋合，将零件8、9、10固定于阀体中；阀杆下部的凸块嵌入到阀芯上的凹槽内。为防止泄漏有两道密封关系，两个密封圈3和调整垫5形成第一道密封；阀体与阀杆之间的填料垫8及填料9、10用填料压紧套11压紧，形成第二道密封。

球阀的工作原理：扳手在主视图中的位置时，阀门为全部开启，管路中流体的流通量最大；当扳手顺时针旋转到俯视图中双点画线所示的位置时，阀门为全部关闭，管路关闭；当扳手处在这两个极限位置之间时，管路中流体的流通量随扳手的位置而改变。

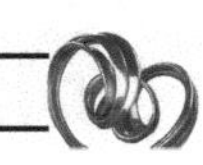

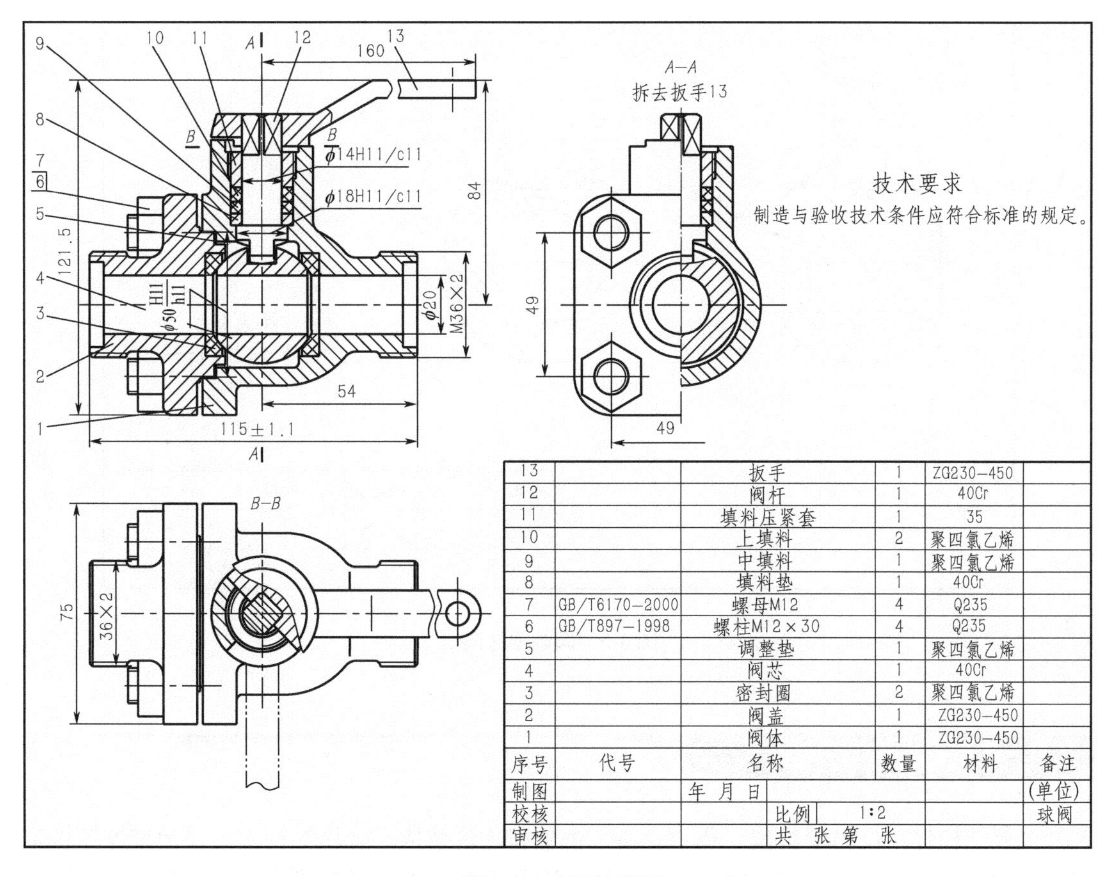

图 3-4　球阀装配图

3.2.3　分析零件，读懂零件结构形状

利用装配图特有的表达方法和投影关系，将零件的投影从重叠的视图中分离出来，按形体分析和面形分析的方法，读懂各零件的结构形状和在装配体中的作用。

例如球阀阀芯，从装配图的主、左视图中根据相同的剖面线方向和间隔，将阀芯的投影轮廓分离出来，结合球阀的工作原理以及阀芯与阀杆的装配关系，从而完整地想象出阀芯是一个左、右两边截成平面的球体，中间是通孔，上部是圆弧形凹槽，如图 3-5 所示。

3.2.4　分析尺寸，了解技术要求

装配图中标注必要的尺寸，包括规格（性能）尺寸、装配尺寸、安装尺寸和总体尺寸。其中装配尺寸与技术要求有密切关系，应仔细分析。

例如球阀装配图中标注的装配尺寸有三处：ϕ50H11/h11 是阀体与阀盖的配合尺寸；ϕ14H11/c11 是阀杆与填料压紧套的配合尺寸；ϕ18H11/c11 是阀杆下部凸缘与阀体的配合尺寸。为了便于装拆，三处均采用基孔制间隙配合。技术要求是制造和验收技术条件应符合国家标准的规定。

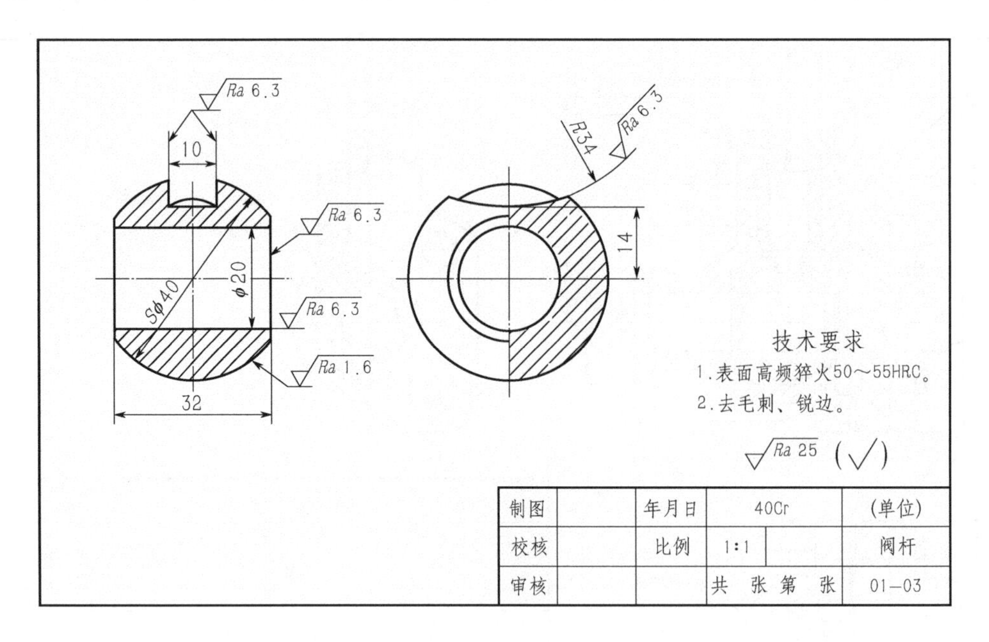

图 3-5　阀芯零件图

3.3　焊接图的识读

金属结构件广泛用于机械、化工设备、桥梁和建筑结构。金属结构件主要通过焊接将型钢和钢板连接而成，焊接是一种不可拆连接，因其工艺简单、连接可靠、节省材料，所以应用日益广泛。

金属结构件被焊接后所形成的接缝称为焊缝。焊缝在图样上一般采用焊缝符号表示，焊缝符号是表示焊接方式、焊缝形式和焊缝尺寸等技术内容的符号。

3.3.1　焊缝符号及其标注方法

焊缝符号由基本符号和指引线组成，必要时还可以加上辅助符号、补充符号和焊缝尺寸符号。

1. 基本符号

基本符号是表示焊缝横断面形状的符号，采用近似焊缝横断面形状的符号来表示。基本符号用粗实线绘制。常用焊缝的基本符号、图示法及标注方法示例见表 3-1，其他焊缝的基本符号可查阅 GB/T 324—2008。

表 3-1　常用焊缝的基本符号、图示法及标注方法示例

名称	符号	示意图	图示法	标注方法
I 形焊缝	‖			

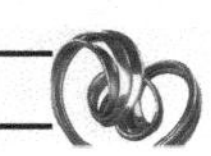

续表

名称	符号	示意图	图示法	标注方法
I 形焊缝	||		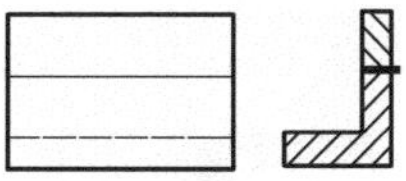	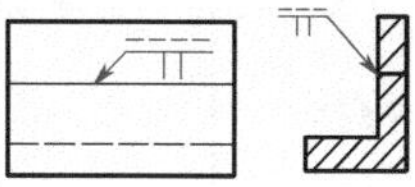
V 形焊缝	V		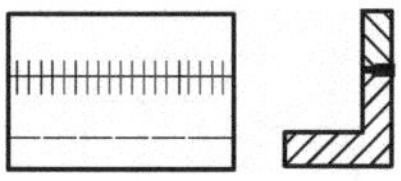	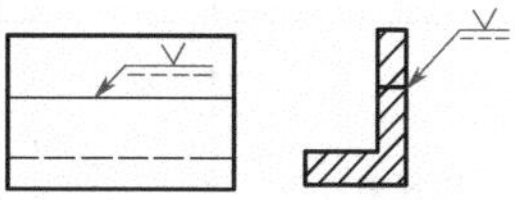
			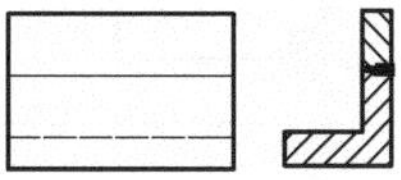	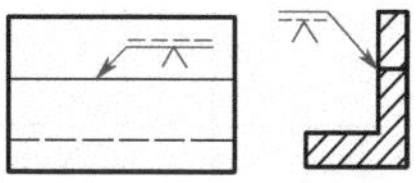
角焊缝	◺	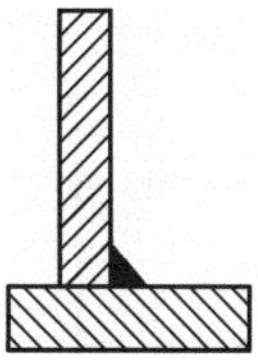	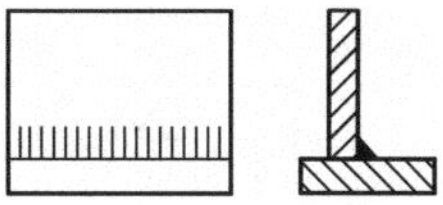	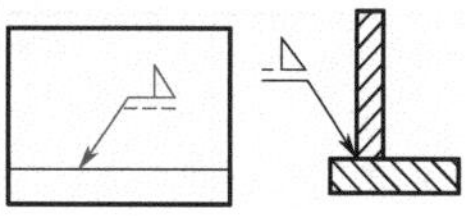
			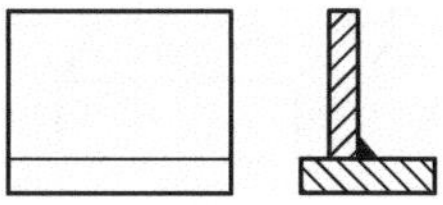	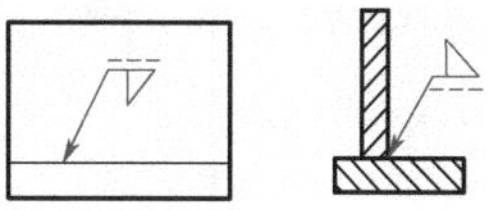
点焊缝	○	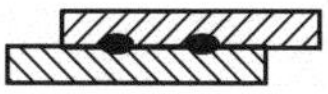	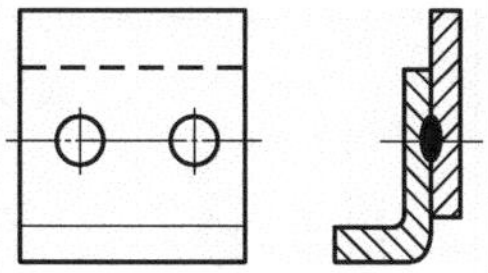	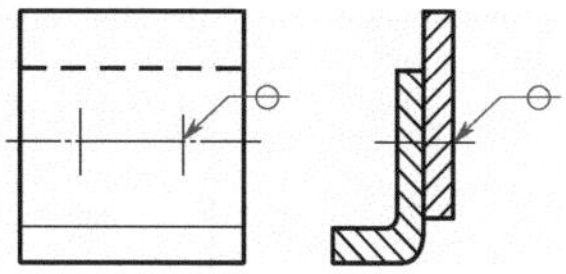

2. 辅助符号

辅助符号表示焊缝表面形状特征，用粗实线绘制，见表 3-2。不需要确切说明焊缝表面形状时，可不用辅助符号。

表 3-2　辅助符号及标注示例

名称	符号	形式及标注示例	说明
平面符号	—	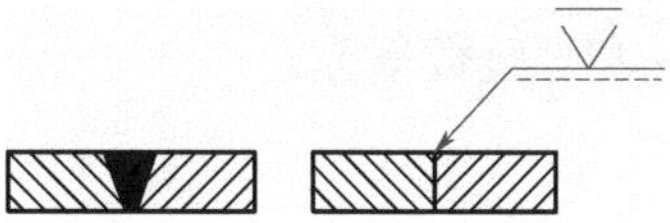	表示V形对接焊缝表面平齐（一般通过加工）
凹面符号	◡	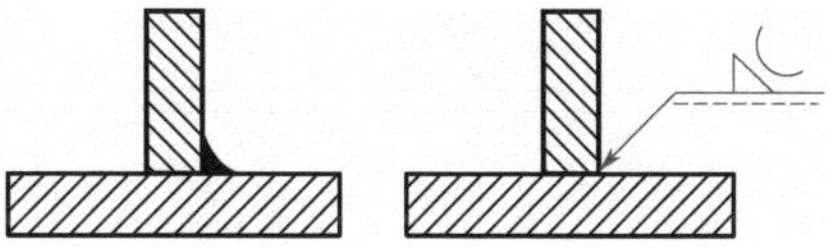	表示角焊缝表面凹陷
凸面符号	◠	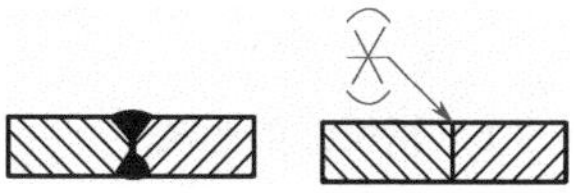	表示X形对接焊缝表面凸起

3. 补充符号

补充符号是补充说明焊缝的某些特征所使用的符号，用粗实线绘制，见表 3-3。

表 3-3　补充符号及标注示例

名称	符号	形式及标注示例	说明
带垫板符号	□		表示V形焊缝的背面底部有垫板
三面焊缝符号	⊏		工件三面施焊，开口方向与实际方向一致
周围焊缝符号	○		表示在现场沿工件周围施焊
现场符号	▶		
尾部符号	＜	5 250 111 4条	表示用手工电弧焊，有 4 条相同的角焊缝

4．指引线

指引线一般由箭头线和两条基准线（一条为细实线，一条为细虚线）组成，采用细线绘制，如图 3-6 所示。箭头线用来将整个焊缝符号指引到图样上的有关焊缝处，必要时允许弯折一次。基准线应与主标题栏平行。基准线的上面和下面用来标注各种符号及尺寸，基准线的细虚线可画在基准线的细实线上侧或下侧。必要时可在基准线（细实线）末端加一尾部符号，作为其他说明之用，如焊接方法和焊缝数量等。

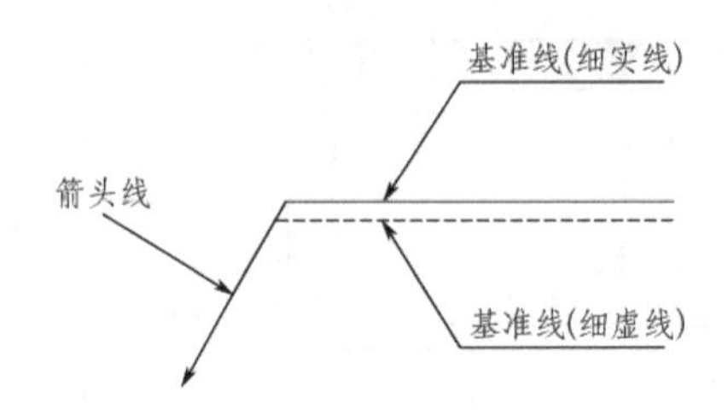

图 3-6　指引线的画法

5．焊缝尺寸符号

焊缝尺寸符号用来表示坡口及焊缝尺寸，一般不必标。如设计或生产需要注明焊缝尺寸时，可按 GB/T 324—2008 焊缝代号的规定标注。常用焊缝尺寸符号见表 3-4。

表 3-4 常用焊缝尺寸符号

名称	符号	名称	符号
板材厚度	δ	焊缝间距	e
坡口角度	α	焊角尺寸	K
根部间隙	b	焊点熔核直径	d
钝边高度	p	焊缝宽度	c
焊缝长度	l	焊缝余高	h

3.3.2 焊接方法及数字代号

焊接的方法很多，常用的有电弧焊、电渣焊、点焊和钎焊等，其中以电弧焊应用最广。焊接方法可用文字在技术要求中注明，也可用数字代号直接注写在指引线的尾部。常用焊接方法及数字代号见表 3-5。

表 3-5 常用焊接方法及数字代号

焊接方法	数字代号	焊接方法	数字代号
手工电弧焊	111	激光焊	751
埋弧焊	12	氧-乙炔焊	311
电渣焊	72	硬钎焊	91
电子束焊	76	电焊	21

3.3.3 焊缝标注示例

在技术图样或文件上需要表示焊缝或接头时，推荐采用焊缝符号。必要时，也可采用一般的技术制图方法表示，见表 3-6。

表 3-6 焊缝标注示例

接头形式	焊缝形式	标注示例	说明
对接接头			111 表示用手工电弧焊，V 形坡口，坡口角度为α，根部间隙为 b，有 n 段焊缝，焊缝长度为 l
T 形接头			表示在现场或工地上进行焊接 表示双面角焊缝，焊角尺寸为 K
			表示有 n 段断续双面角焊缝，l 表示焊缝长度，e 表示断续焊缝的间距
			表示交错断续角焊缝

续表

接头形式	焊缝形式	标注示例	说明
角接接头	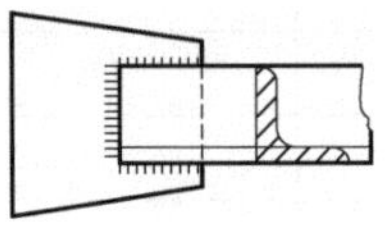	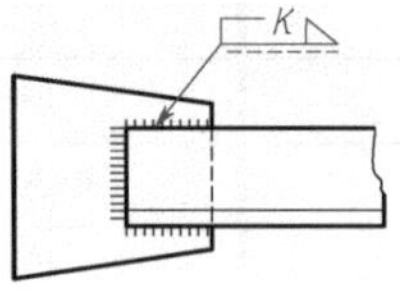	⊏ 表示三面焊缝 ◺ 表示单面角焊缝
	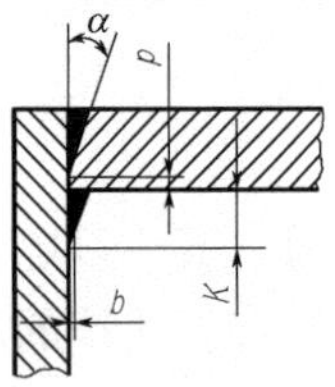	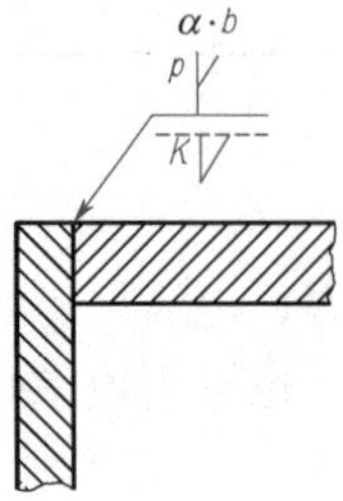	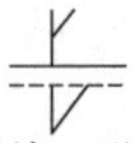 表示双面焊缝，上面为带钝边的单边 V 形焊缝，下面为角焊缝
搭接接头	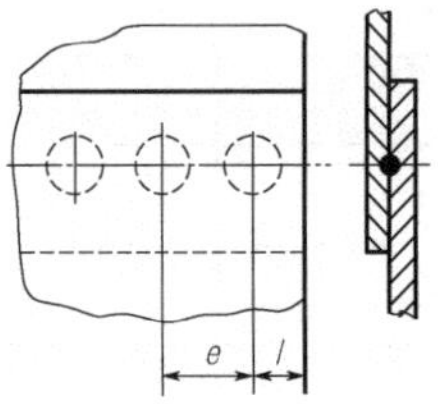	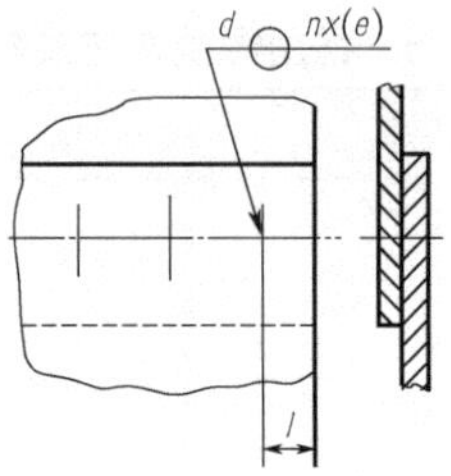	○ 表示点焊缝，d 表示焊点直径，e 表示焊点间距，n 为点焊数量，l 表示起始焊点中心至板边的间距

3.3.4 读焊接图举例

金属焊接图除了将构件的形状、尺寸表达清楚外，还要把焊接的有关内容表达清楚。如图 3-7 所示弯头是化工设备上的一个焊接件，由底盘、弯管和方形凸缘三个零件组成。图样中不仅表达了各零件的装配和焊接要求，而且还表达了零件的形状、尺寸以及加工要求，因此不必另画零件图。

焊接图识读要点如下。

① 底盘和弯管间的焊缝代号为 2‖111，其中“2‖”表示 I 形焊缝，对接间隙 $b=2$mm；“111”表示全部焊缝均采用手工电弧焊。

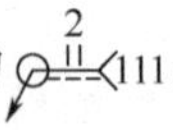

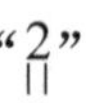

② 方形凸缘和弯管外壁的焊缝代号 6◺，其中“○”表示环绕工件周围焊接；“◺”表示角焊缝，焊角高度为 6 mm。

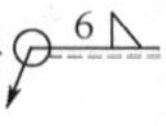

③ 方形凸缘和弯管的内焊缝代号为 ◡4◺，其中“◡”表示焊缝表面凹陷。

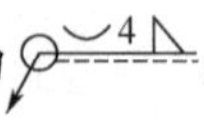

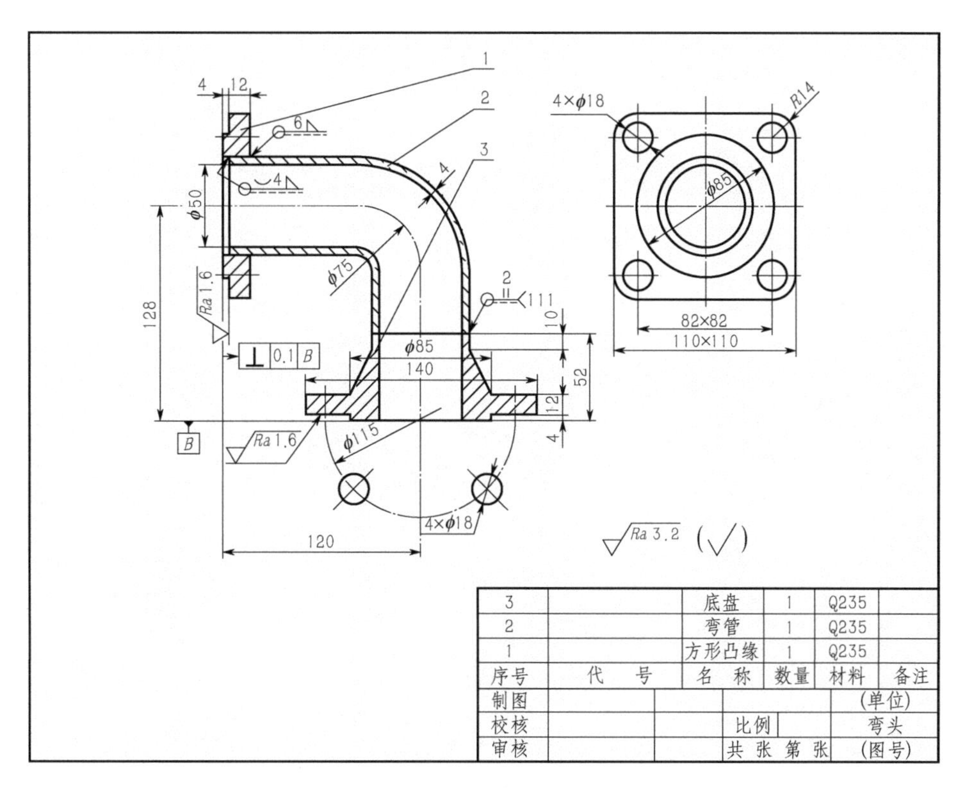
1
2
3
4
12
6
4
4
ϕ50
ϕ75
128
Ra 1.6
2
111
10
ϕ85
140
52
12
4
0.1 B
B
Ra 1.6
ϕ115
4×ϕ18
120
4×ϕ18
R14
ϕ85
82×82
110×110
Ra 3.2 (√)
3 底盘 1 Q235
2 弯管 1 Q235
1 方形凸缘 1 Q235
序号 代号 名称 数量 材料 备注
制图 (单位)
校核 比例 弯头
审核 共 张 第 张 (图号)

图 3-7 弯头焊接图

第二单元

机械基础

第 4 章 机械传动

机械传动在机械工程中应用非常广泛，主要是指利用机械方式传递动力和运动的传动（图 4-1）。分为两类：一是靠机件间的摩擦力传递动力与摩擦传动，包括带传动、摩擦轮传动等。摩擦传动容易实现无级变速，大都能适应轴间距较大的传动场合，过载打滑还能起到缓冲和保护传动装置的作用，但这种传动一般不能用于大功率的场合，也不能保证准确的传动比。二是靠主动件与从动件啮合或借助中间件啮合传递动力或运动的啮合传动，包括齿轮传动、链传动、螺旋传动和谐波传动等。啮合传动能够用于大功率的场合，传动比准确，但一般要求较高的制造精度和安装精度。

图 4-1　机械传动

4.1　带传动

带传动是机械传动中重要的传动形式之一（图 4-2）。随着工业、技术水平的不断提高，

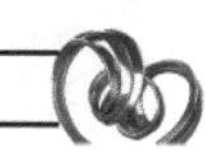

带传动形式有了多样性、多领域的发展，在汽车工业、家用电器、办公机械以及各种新型机械设备中得到了越来越广泛的应用。

图 4-2　带传动

4.1.1　带传动概述

1．带传动的组成、原理和类型

（1）带传动的组成

带传动一般由固连于主动轴上的带轮（主动轮）、固连于从动轴上的带轮（从动轮）和紧套在两轮上的挠性带组成，如图 4-3 所示。

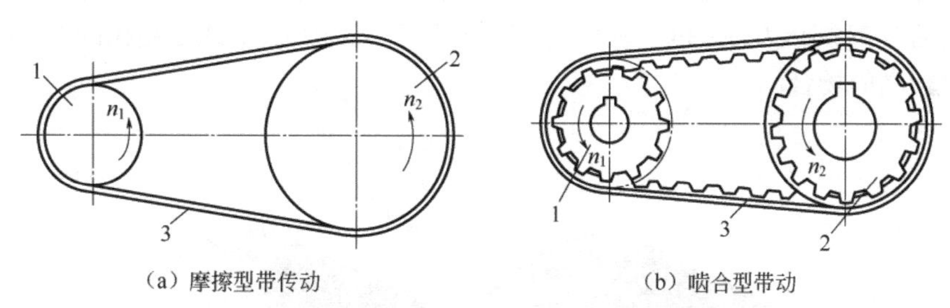

（a）摩擦型带传动　　（b）啮合型带动

1—带轮（主动轮）；2—带轮（从动轮）；3—挠性带

图 4-3　带传动的组成

（2）带传动的工作原理

带传动是以张紧在至少两个轮上的带作为中间挠性件，靠带与带轮接触面间产生的摩擦力（啮合力）来传递运动和（或）动力的。

（3）带传动的传动比

机构中瞬时输入角速度（或转速）与输出角速度（或转速）的比值称为机构的传动比。对于带传动的传动比就是主动轮转速 n_1 与从动轮转速 n_2 之比，通常用 i_{12} 表示：

$$i_{12} = \frac{n_1}{n_2}$$

式中，n_1、n_2 分别为主动轮、从动轮的转速（r/min）。

2. 带传动的类型

根据工作原理不同，带传动分为摩擦型带传动[图 4-3（a）]和啮合型带传动[图 4-3（b）]，具体的分类如下：

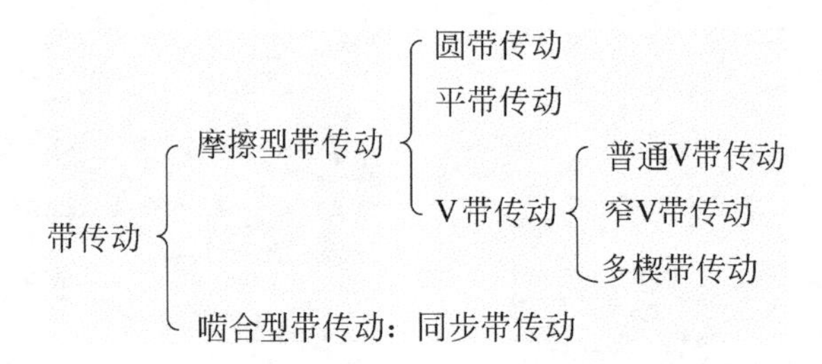

相比较而言，摩擦型带传动过载时存在打滑，传动比不准确；啮合型带传动可以保证准确的传动比，实现同步传动。在机械传动中，绝大部分带传动属于摩擦型带传动。本章主要介绍摩擦型带传动中应用广泛的 V 带传动。

4.1.2 V 带传动

1. V 带及带轮

（1）V 带

V 带传动是由一条或数条 V 带和 V 带带轮组成的摩擦传动。V 带是一种无接头的环形带，其横截面为等腰梯形，工作面是与轮槽相触的两侧面，带与轮槽底面不接触，其结构如图 4-4 所示。V 带有帘布芯结构和绳芯结构两种，分别由包布、顶胶、抗拉体和底胶四部分组成。帘布芯结构的 V 带制造方便，抗拉强度高，价格低廉，应用广泛；绳芯结构的 V 带柔韧性好，适用于转速较高的场合。

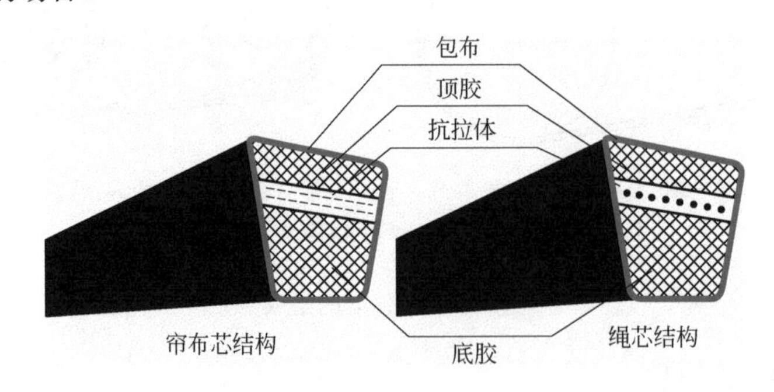

图 4-4 V 带传动的组成

（2）V 带带轮

V 带带轮的常用结构有实心式、腹板式、孔板式和轮辐式四种，一般而言，基准直径较小时可采用实心式带轮，当带轮基准直径大于 300mm 时，可采用轮辐式带轮。

（3）普通 V 带带轮材料

普通 V 带带轮通常用灰铸铁制造，带速较高时可采用铸钢，功率较小的传动可采用合金或工程塑料等。

2. V带传动的主要参数

V 带传动的类型主要有普通 V 带传动和窄 V 带传动，其中以普通 V 带传动的应用更为广泛。

（1）普通 V 带的横截面尺寸

楔角为α为 40°（带的两侧面所夹的锐角），相对高度h/b_p为 0.7 的 V 带传动称为普通 V 带，其横截面如图 4-5 所示。

顶宽 b——V 带横截面中梯形轮廓的最大宽度。

节宽b_p——V 带绕带轮弯曲时，其长度和宽度均保持不变的面层称为中性层，中性层的宽度称为节宽。

高度 h——梯形轮廓的高度。

相对高度h/b_p——带的高度与其节宽之比。

普通 V 带已经标准化，按横截面尺寸由小到大分别为 Y、Z、A、B、C、D、E 七种型号。相同条件下，截面尺寸越大，则传递的功率越大。

（2）V 带带轮的基准直径d_d

V 带带轮的基准直径d_d是指带轮上与所配用 V 带的节宽b_p相对应处的直径，如图 4-6 所示。带轮基准直径d_d是带传动的主要设计计算参数之一，d_d的数值已标准化，应按国家标准选用标准系列值。在带传动中，带轮基准直径越小，传动时带在带轮上的弯曲变形越严重，V 带的弯曲应力越大，从而会降低带的使用寿命。为了延长带的使用寿命，对各型号的普通 V 带带轮都规定有最小基准直径d_{dmin}。

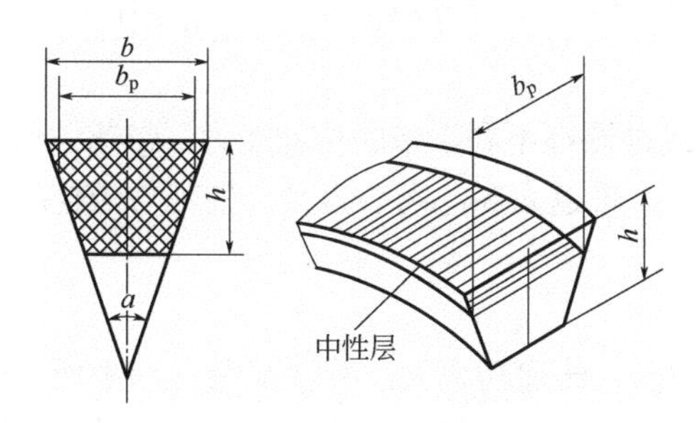

图 4-5 普通 V 带横截面

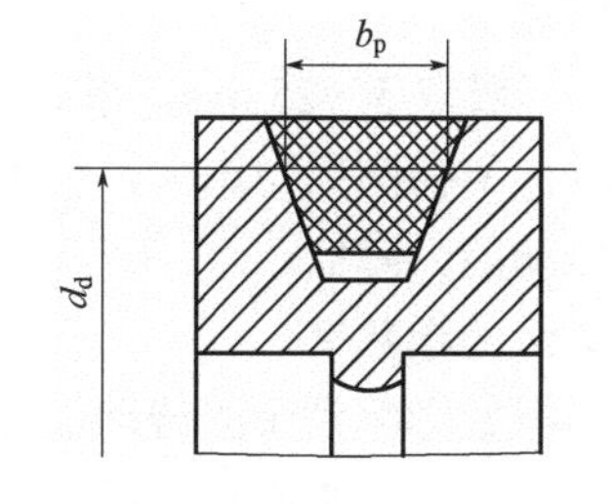

图 4-6 基准直径

（3）V 带传动的传动比

根据带传动的传动比计算公式，对于 V 带传动，如果不考虑带与带轮间打滑因素的影响，其传动比计算公式可用主、从动轮的基准直径来表示：

$$i_{12}=\frac{n_1}{n_2}=\frac{d_{d2}}{d_{d1}}$$

式中，d_{d1}——主动轮基准直径，mm；

d_{d2}——从动轮基准直径，mm；

n_1——主动轮的转速，r/min；

n_2——从动轮的转速，r/min。

通常，V 带传动的传动比$i\leqslant 7$，常用 2～7。

（4）小带轮的包角α_1

包角是带与带轮接触弧所对应的圆心角，如图 4-7 所示。包角的大小反映了带与带轮轮缘表面间接触弧的长短。两带轮中心距越大，小带轮包角α_1也越大，带与带轮接触弧也越长，带能传递的功率就越大；反之，带能传递的功率就越小。为了使带传动可靠，一般要求小带轮的包角$\alpha_1 \geqslant 120°$。

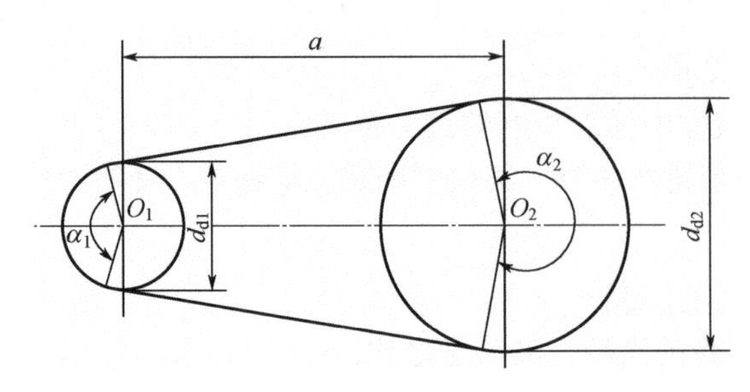

图 4-7　带轮的包角

小带轮的包角大小的计算

$$\alpha_1 \approx 180° - \left(\frac{d_{d2} - d_{d1}}{a}\right) \times 57.3°$$

（5）中心距

中心距是两带轮传动中心之间的距离（图 4-7 中的 a 所示）。两带轮中心距增大，使带传动能力提高；但中心距过大，又会使整个传动尺寸不够紧凑，在高速时易使带发生振动，反而使带传动能力下降。因此，两带轮中心距一般在 0.7～2 倍的 $d_{d1}+d_{d2}$ 范围内。

（6）带速 v

带速 v 一般取 5～25 m/s。带速 v 过快或过慢都不利于带的传动能力。带速太低，在传递功率一定时，所需圆周力增大，会引起打滑；带速太高，离心力又会使带与带轮间的压紧程度减小，传动能力降低。

（7）V 带的根数 Z

V 带的根数影响到带的传动能力。根数多，传递功率大，所以 V 带传动中所需带的根数应按具体传递功率大小而定。但为了使各根带受力比较均匀，带的根数不宜过多，通常带的根数 Z 应小于 7。

3. 普通 V 带的标记与应用特点

（1）普通 V 带的标记

当 V 带绕带轮弯曲时，其长度和宽度均保持不变的面层称为中性层。在规定的张紧力下，沿 V 带中性层量得的周长称为基准长度 L_d，又称公称长度。它主要用于带传动的几何尺寸计算和 V 带的标记，其长度已经标准化，见表 4-1。

表 4-1　普通 V 带带轮的基准长度（摘自 GB/T 11544—1997）　　单位：mm

基 准 长 度	普通 V 带型号			基 准 长 度	普通 V 带型号		
280				900			
315	Y		A	1 000	B		
355				1 120			

续表

<table>
<tr><th>基 准 长 度</th><th colspan="3">普通V带型号</th><th>基 准 长 度</th><th colspan="4">普通V带型号</th></tr>
<tr><td>400</td><td rowspan="3">Y</td><td rowspan="13">Z</td><td rowspan="18">A</td><td>1 250</td><td rowspan="14">B</td><td rowspan="3"></td><td rowspan="7"></td><td rowspan="10"></td></tr>
<tr><td>450</td><td>1 400</td></tr>
<tr><td>500</td><td>1 600</td></tr>
<tr><td>560</td><td rowspan="17"></td><td>1 800</td><td rowspan="16">C</td></tr>
<tr><td>630</td><td>2 000</td></tr>
<tr><td>710</td><td>2 240</td></tr>
<tr><td>800</td><td>2 500</td></tr>
<tr><td>900</td><td>2 800</td><td rowspan="13">D</td></tr>
<tr><td>1 000</td><td>3 150</td></tr>
<tr><td>1 120</td><td>3 550</td></tr>
<tr><td>1 250</td><td>4 000</td><td rowspan="10">E</td></tr>
<tr><td>1 400</td><td>4 500</td></tr>
<tr><td>1 600</td><td>5 000</td></tr>
<tr><td>1 800</td><td rowspan="7"></td><td>5 600</td></tr>
<tr><td>2 000</td><td>6 300</td><td rowspan="6"></td></tr>
<tr><td>2 240</td><td>7 100</td></tr>
<tr><td>2 500</td><td>8 000</td></tr>
<tr><td>2 800</td><td>9 000</td></tr>
<tr><td>3 150</td><td rowspan="2"></td><td>10 000</td></tr>
<tr><td>3 550</td><td>11 200</td><td></td></tr>
</table>

普通 V 带的标记由型号、基准长度和标准编号三部分组成，示例如下。

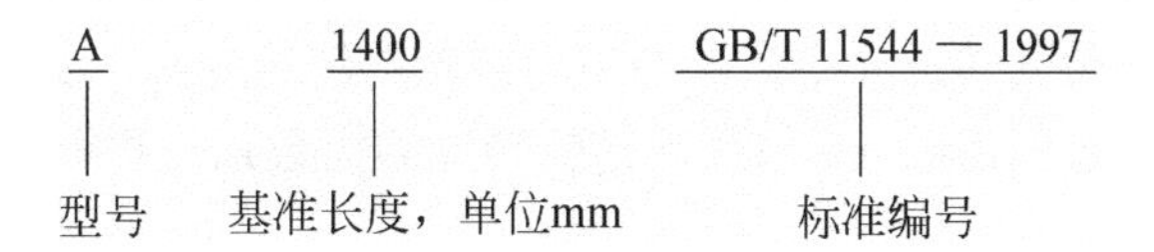

（2）普通 V 带传动的应用特点

优点：

① 结构简单，制造、安装精度要求不高，使用维护方便，适用于两轴中心距较大的场合。

② 传动平稳，噪声低，有缓冲吸振作用。

③ 过载时，传动带会在带轮上打滑，可以防止薄弱零件的损坏，起安全保护作用。

缺点：

① 不能保证准确的传动比。

② 外廓尺寸大，传动效率低。

4.2 链传动

日常生活中常见的自行车运动就是链传动的具体应用（图 4-8），除此之外，链传动还应用于轻工、石油化工、矿山、农业、运输起重、机床等机械传动中。

图 4-8　链传动

4.2.1　链传动概述

1. 链传动及其传动比

链传动（图 4-9）由主动链轮 1、链条 2（图 4-10）、从动链轮 3 组成，链轮上制有特殊的齿，通过链轮与链条的啮合来传递运动和动力。

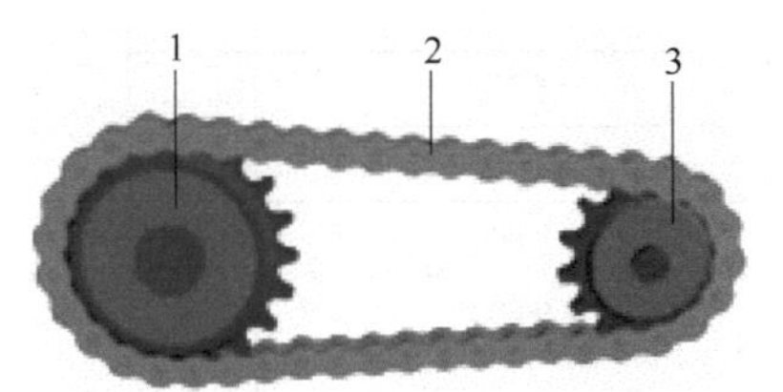

1—主动链轮；2—链条；3—从动链轮

图 4-9　链传动

图 4-10　链条

设主动链轮的齿数为 z_1，从动链轮的齿数为 z_2，主动链轮每转过一个齿，链条移动一个链节，从动链轮被链条带动转过一个齿。当主动链轮的转速为 n_1，从动链轮的转速为 n_2 时，单位时间内主动链轮转过的齿数 n_1z_1 与从动链轮转过的齿数 n_2z_2 相等，即：

$$n_1z_1=n_2z_2 \quad \text{或} \quad \frac{n_1}{n_2}=\frac{z_2}{z_1}$$

主动链轮的转速 n_1 与从动链轮的转速 n_2 之比称为链传动的传动比，表示式为：

$$i_{12}=\frac{n_1}{n_2}=\frac{z_2}{z_1}$$

式中，n_1、n_2——主、从动轮的转速（r/min）；

z_1、z_2——主、从动轮的齿数。

2. 链传动的应用特点

链传动的传动比一般为 $i \leqslant 8$，低速传动时 i 可达 10；两轴中心距 $a \leqslant 6$ m，最大中心距可达 15 m；传动功率 $P<100$ kW；链条 $v \leqslant 15$ m/s，高速时可达 20～40m/s。与同属挠性类（具有中间挠性件）传动的带传动相比，链传动具有以下特点。

（1）优点

① 能保证准确的平均传动比。

② 传动功率大。

③ 传动效率高，一般可达 0.95～0.98。

④ 可用于两轴中心距较大的情况。

⑤ 能在低速、重载和高温条件下，以及尘土飞扬，淋水、淋油等不良环境中工作。

⑥ 作用在轴和轴承上的力小。

（2）缺点

① 由于链节的多边形运动，所以瞬时传动比是变化的，瞬时链速度不是常数，传动中会产生载荷和冲击，因而不宜用于要求精密传动的机械上。

② 链条的铰链磨损后，使链条节距变大，传动中链条容易脱落。

③ 工作时有噪声。

④ 对安装和维护要求较高。

⑤ 无过载保护作用。

4.2.2 套筒滚子链

链传动的类型很多，按用途分为传动链、输送链和起重链。传动链主要用于一般机械中传递运动和动力，也可用于输送等场合；输送链用于输送工件、物品和材料，可直接用于各种机械上，也可以组成链式输送机作为一个单元出现；起重链主要用于传递力，起牵引、悬挂物体的作用，兼做缓慢运动。本节只介绍传动链，传动链的种类繁多，最常用的是滚子链和齿形链，本节重点介绍套筒滚子链。

1. 套筒滚子链的结构

滚子链由内链板、外链板、销轴、套筒、滚子等组成（图 4-11）。

图 4-11　滚子链的组成

销轴与外链板、套筒与内链板分别采用过盈配合固定；而销轴与套筒、滚子与套筒之间则为间隙配合，保证链节屈伸时，内链板与外链板之间能相对转动。套筒、滚子与销轴之间可以自由转动。滚子装在套筒上，可以自由转动。当链条与链轮啮合时，滚子与链轮轮齿相对滚动，两者之间主要是滚动摩擦，从而减小了链条和链轮轮齿的磨损。

2. 滚子链的主要参数

（1）节距

链条的相邻两销轴中心线之间的距离称为节距，以符号 P 表示。节距是链的主要参数，链的节距越大，承载能力越强，但链传动的结构尺寸也会相应增大，传动的振动、冲击和噪声也越严重。因此，应用时尽可能选用小节距的链，高速、功率大时，可选用小节距的双排链或多排链。滚子链的承载能力和排数成正比，但排数越多，各排受力越不均匀，所以排数不能过多。

（2）节数

滚子链的长度用节数来表示。为了使链条的两端便于连接，链节数应尽量选取偶数，以便连接时正好使内链板与外链板相接。链接头处可用开口销［图 4-12（a）］或弹簧夹［图 4-12（b）］锁定。当链节数为奇数时，链接头须采用过渡链节［图 4-12（c）］。过渡链节不仅制造复杂，而且抗拉强度较低，因此尽量不采用。

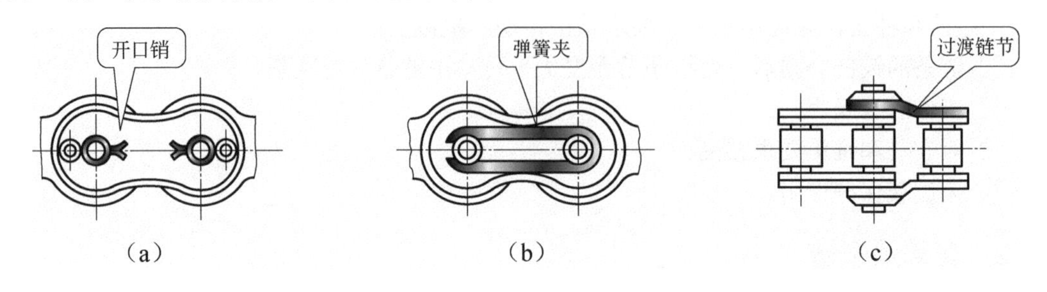

图 4-12　滚子链接头形式

3. 套筒滚子链的标记

滚子链是标准件，其标记为：链号—排数—链节数　标准编号。标记示例：

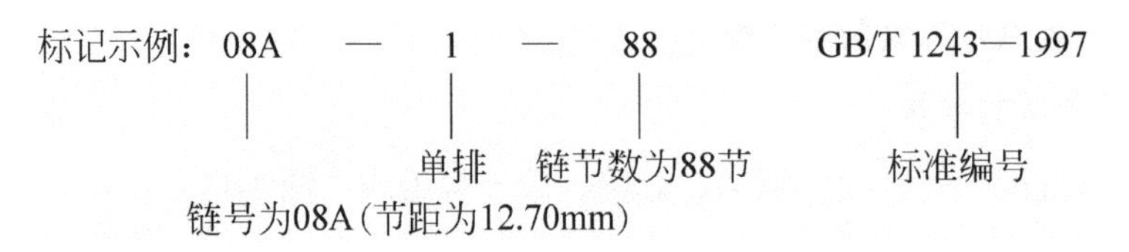

4.2.3　链传动的安装与维护

对链传动进行正确的安装与维护，能大大提高链条和链轮的使用寿命，能带来良好的经济效益，为此，本章的主要内容为链传动的安装与维护。

1. 链传动的安装与张紧

安装链轮时，一般主、从动轴的轴线是平行的，传动的两链轮应在同一水平面内旋转，两轮的中心平面轴向位置误差 $\Delta e \leqslant 0.02a$（a 为中心距）。

调整好合适的张紧力。对链传动装置，调整好适当的链条张紧力很重要。紧张力太大，会使链条拉力过大，影响使用寿命。张紧力过小，会使链条松边太松，以致传动过程中产生噪声和振动，从而使链条和链轮产生不必要的磨损。同时，链条与链条防护罩之间要有足够的间隙，否则，传动过程中链条与链条防护罩间可能发生磨损，当链条磨损节距变长时，链条与链条防护罩间发生的磨损尤为严重。链传动的张紧方法如下。

① 调整中心距，增大中心距可使链条张紧，对于滚子链传动，其中心距调整量可取 $2P$，P 为链条节距。

② 缩短链条，当链传动没有张紧装置而中心距又不可调整时，可采用缩短链长的方法，对因磨损而伸长的链条须重新张紧。

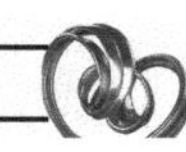

③ 用张紧轮张紧。

2. 链传动的维护

链传动的维护主要包括润滑及对链传动装置的检查及调整。

（1）链传动的润滑

主要是对链条的润滑，主要有以下方式。

① 人工润滑：用刷子或油壶周期性供油，最好每 8h 供油一次。

② 滴油润滑：润滑油滴从滴油器直接落到链节链板之间，防止铰链中的润滑油变污。

③ 油池润滑：链条下垂边通过链传动装置壳体的油池，油液面应高于其运转的最低点的节线位置 6～12mm。

④ 连续润滑：采用油泵对链条进行连续润滑。

（2）对链传动装置的检查及调整

主要包含链条与链轮齿侧磨损检查，链轮的磨损检查，链条伸长的磨损检查及清洁度、润滑情况的检查。通过以上检查，根据实际情况及时地对链条进行修正或者更换。

4.3 齿轮传动

齿轮传动是近代机器中传递运动和力的最主要形式之一（图 4-13）。在金属切削机床、工程机械、冶金机械，以及人们常见的汽车、机械式钟表中都有齿轮传动。齿轮传动已成为许多机械设备中不可缺少的传动部件，也是机器中所占比重最大的传动形式。

图 4-13 齿轮传动

4.3.1 齿轮传动概述

1. 齿轮传动的特点

与其他机械传动相比，齿轮传动的主要特点如下。

① 能保证瞬时传动比恒定，工作可靠性高，传递运动准确可靠。

② 传动比范围大，可用于减速传动或增速运动。

③ 传递的功率和圆周速度范围较宽。

④ 传动效率高，使用寿命长。

⑤ 结构紧凑、可实现较大的传动比。

⑥ 齿轮制造和安装精度要求高，加工时需要专用机床和刀具，加工成本高。

⑦ 两轴间距离不宜过大。

2. 对齿轮传动的基本要求

齿轮传动常用于传递运动和动力，故对其提出两个基本要求。

（1）传动准确、平稳

即要求在齿轮传动过程中，瞬时传动比恒定不变，以减少振动、冲击和噪声。这与齿轮的齿廓形状、制造和安装精度有关。

（2）承载能力强

即要求齿轮在传动过程中，有足够的强度、刚度，并能传递较大的动力。

3. 齿轮传动精度选择

齿轮精度等级是根据传动用途、使用条件、技术要求和其他经济技术指标等规定的，国家标准对齿轮和齿轮副规定了 12 个精度等级。表 4-2 列出了一些机器设备中齿轮精度等级的选用范围。

表 4-2　齿轮精度等级的选用范围

应用范围	精度等级	应用范围	精度等级
测量齿轮	2～5	拖拉机	6～9
涡轮减速器	3～6	一般用途的减速器	6～9
金属切削机床	3～8	轧钢设备的小齿轮	6～10
内燃机	6～7	矿山用绞车	6～9
轻型汽车	5～8	起重机机构	7～10
重型汽车	6～9	农用机械	8～11
航空发动机	4～8		

4.3.2　渐开线标准直齿圆柱齿轮的基本参数和尺寸计算

1. 渐开线齿廓

如图 4-14 所示，在平面上，一条动直线 *AB* 沿着一个固定的圆做纯滚动时，此动直线上一点 *K* 的轨迹 *CD* 称为该圆的渐开线，这个圆称为渐开线的基圆，基圆的半径用 r_b 表示，动直线 *AB* 称为渐开线的发生线。

齿轮齿廓只是渐开线上的某一段，渐开线的形状取决于基圆的大小。基圆越大，渐开线越平直；基圆越小，渐开线越弯曲。基圆内没有渐开线。

2. 标准直齿圆柱齿轮的基本参数和几何尺寸计算

（1）渐开线标准直齿圆柱齿轮各部分名称

图 4-15 所示为直齿外齿轮的一部分，其各部分的名称如下。

① 齿顶圆。过所有齿顶的圆，其直径用 d_a 表示。

② 齿根圆。过所有齿槽底面的圆，其直径用 d_f 表示。

③ 分度圆。齿顶圆和齿根圆之间的圆，是计算齿轮几何尺寸的基准圆，其直径用 d 表示。

④ 基圆。发生渐开线的圆，其直径用 d_b 表示。

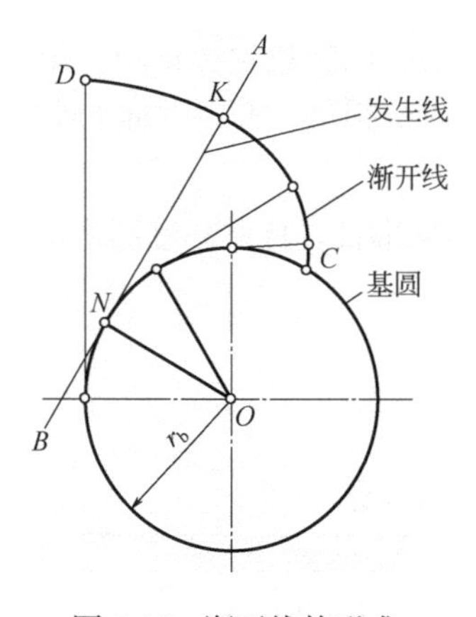

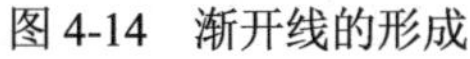
图 4-14　渐开线的形成

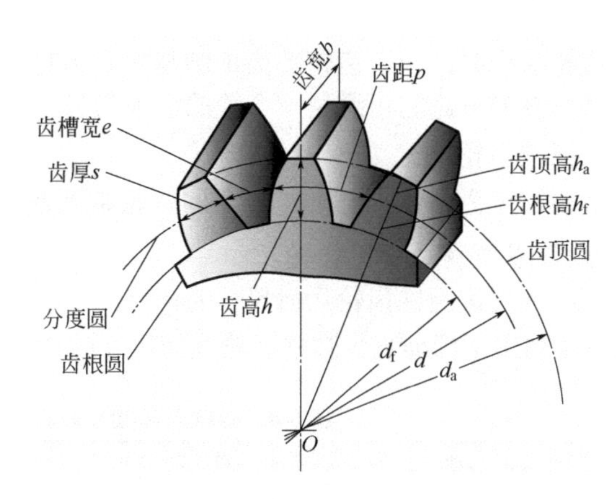

图 4-15　直齿外齿轮

⑤ 齿距、齿厚、齿槽宽。齿距为两个相邻且同侧端面齿廓之间的分度圆弧长，用 p 表示。齿厚指在端平面（垂直于齿轮轴线的平面）上，一个齿的两侧面齿廓之间的分度圆弧长，用 s 表示。齿槽宽是指在端平面上，一个齿槽的两侧端面齿廓之间的分度圆弧长，用 e 表示。

⑥ 齿高。轮齿的齿顶圆和齿根圆之间的径向尺寸称为齿全高，用 h 表示；分度圆以上的齿高称为齿顶高，用 h_a 表示；分度圆以下的齿高称为齿根高，用 h_f 表示。显然，$h=h_a+h_f$。

（2）基本参数

① 齿数 z，齿轮圆周上的轮齿总数。

② 模数 m。齿轮分度圆周长 $\pi d = zp$，则分度圆直径可由 $d = pz/\pi$ 求出。但由于 π 为无理数，它将给设计和制造带来不便。为便于设计、制造及互换使用，将 p/π 规定为一些简单的有理数，如 1，2，3，4，…，以 mm 为单位，称为模数 m，即 $m = p/\pi$，所以：

$$d = mz$$

模数是齿轮几何尺寸计算中的重要基本参数。显然，m 越大，则 p 越大，轮齿就越大，轮齿的抗弯能力也越高，故 m 是轮齿抗弯曲能力的重要标志。我国已颁布齿轮模数的标准系列（见表 4-3），设计齿轮时，m 必须取标准值。

表 4-3　标准模数系列（GB/T 1357—1987）　　单位：mm

第一系列	1　1.25　1.5　2　2.5　3　4　5　6　8　10　12　16　20　25　32
第二系列	2.25　2.75　（3.25）　3.5　（3.75）　4.5　5.5　（6.5）　7　9　（11）　14　18　22　28　36　45

注：1．本表适用于渐开线圆柱齿轮，对斜齿轮则是法向模数。

2．选用模数时应优先采用第一系列。括号内的模数值尽可能不用。

③ 压力角。压力角的计算公式为 $\cos\alpha_k = \dfrac{r_b}{r_k}$（其中 r_b、r_k 如图 4-14 所示，r_k 为基圆中心 O 点到 K 点间的距离）。齿轮各圆上有不同的压力角，其大小影响齿轮传力性能及抗弯能力。我国规定分度圆上的压力角为标准值，其值为 20°。此外，有些国家也采用 14.5°、15°、25° 等。若不加注明，压力角都是指分度圆上的标准压力角。

④ 齿顶高系数 h_a^* 和顶隙系数 c^*。齿顶高和齿根高数值分别为 $h_a = h_a^* m$ 和 $h_f = (h_a^* + c^*)\,m$，式中 h_a^* 和 c^* 分别称为齿顶高系数和顶隙系数。国家标准规定，$h_a^*=1$，$c^*=0.25$；短齿齿形 $h_a^*=0.8$，$c^*=0.3$。

当齿轮啮合时，一个齿轮的齿顶圆与配对齿轮齿根圆的径向距离称为顶隙，用c表示，$c=h_f-h_a=0.25m$。它可避免一个轮的齿顶与另一个轮的齿根相碰，并能存储润滑油。

（3）标准齿轮

模数m、压力角α、齿顶高系数h_a^*、顶隙系数c^*均为标准值，且在分度圆上的齿厚s等于齿槽宽e的齿轮称为标准齿轮。

（4）标准直齿圆柱齿轮几何尺寸的计算

表4-4列出了标准直齿圆柱齿轮几何尺寸的计算公式。

表4-4　标准直齿圆柱齿轮几何尺寸的计算

名　称		符　号	计 算 公 式
模数		m	根据强度等使用条件，按表4-3取标准值
基本参数	齿数	z	根据强度等使用条件选定
	分度圆压力角	α	$\alpha=20°$
几何尺寸	齿顶高	h_a	$h_a=m$
	齿根高	h_f	$h_f=1.25m$
	全齿高	h	$h=h_a+h_f=2.25m$
	顶隙	c	$c=0.25m$
	分度圆直径	d	$d=mz$
	齿顶圆直径	d_a	$d_a=d+2h_a$
	齿根圆直径	d_f	$d_f=d-2h_f$
	基圆直径	d_b	$d_b=mz\cos\alpha$
	分度圆齿距	p	$p=\pi m$
	分度圆齿厚	s	$s=\pi m/2$
	分度圆齿槽宽	e	$s=\pi m/2$
啮合计算	中心距	a	$a=(d_1+d_2)/2=m(z_1+z_2)/2$

4.3.3　其他齿轮传动简介

1. 斜齿圆柱齿轮形成

（1）斜齿圆柱齿轮的形成

直齿圆柱齿轮齿廓的形成是仅就轮齿的端面加以研究的，因而说直齿圆柱齿轮的齿廓是发生线绕基圆做纯滚动时发生线上的一点B形成的渐开线。但是，齿轮实际上是有宽度的，如图4-16所示，齿宽用B表示。故上述的基圆应为基圆柱，发生线应为发生面，B点应是一条平行于齿轮轴线的直线BB。应该说，当发生面沿基圆柱作纯滚动时，直线BB形成一渐开面，它就是直齿轮的齿面。

当一对直齿轮啮合时，两轮齿面的瞬时接触线为平行于轴线的直线，如图4-16所示。所以两轮轮齿在进入啮合时是沿着全齿宽同时进入啮合，在退出啮合时是沿着全齿宽同时脱离的。这种进入啮合和退出啮合的方式比较突然，使得直齿轮机构在传动时容易产生冲击、振动和噪声。为了克服直齿轮传动的缺点，制造了斜齿轮。

斜齿圆柱齿轮齿面的形成原理与直齿圆柱齿轮相似，所不同的是，发生面上展成渐开线的直线BB不再与基圆柱母线CC平行，而是相对于CC偏斜一个角度β_b，如图4-17所示。斜直线BB

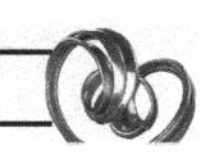

上每一点的轨迹都是渐开线，而这些渐开线起点的总和 AA 是基圆柱上的一条螺旋线，可见这些渐开线在圆柱面上是沿着螺旋线布置的，因而这个曲面称为渐开线螺旋面。β_b 称为斜齿轮基圆柱上的螺旋角。显然，β_b 越大，轮齿的齿向越偏斜，而当 $\beta_b=0$ 时，斜齿轮就变成了直齿轮。

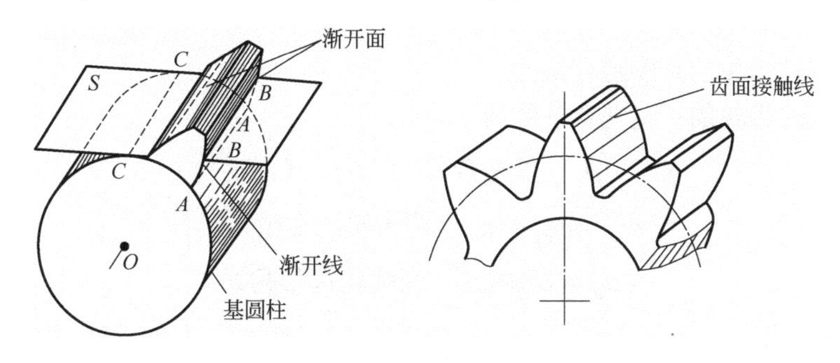

图 4-16　直齿圆柱齿轮齿廓的形成

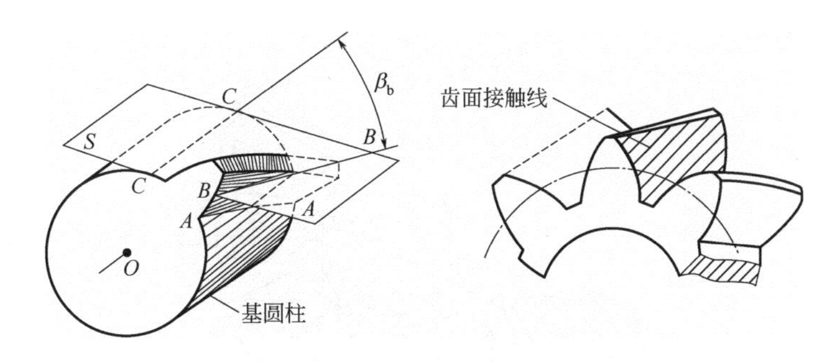

图 4-17　斜齿圆柱齿轮齿廓的形成

（2）斜齿轮传动的啮合性能

① 两轮齿由一端面进入啮合，接触线先由短变长，再由长变短，到另一端面脱离啮合，重合度大，承载能力高，可用于大功率传动。

② 轮齿上的载荷逐渐增加，逐渐卸掉，承载和卸载平稳、冲击、振动和噪声小。

③ 由于轮齿倾斜，传动中会产生一个轴向力。

④ 斜齿轮在高速、大功率传动中应用十分广泛。

（3）斜齿圆柱齿轮的主要参数和几何尺寸

由于斜齿圆柱齿轮轮齿齿面是螺旋面，需要讨论其端面和法面两种情况。

端面是指垂直于齿轮轴线的平面，用 t 作为标记。法面是指与轮齿齿线垂直的平面，用 n 作为标记，如图 4-18 所示。

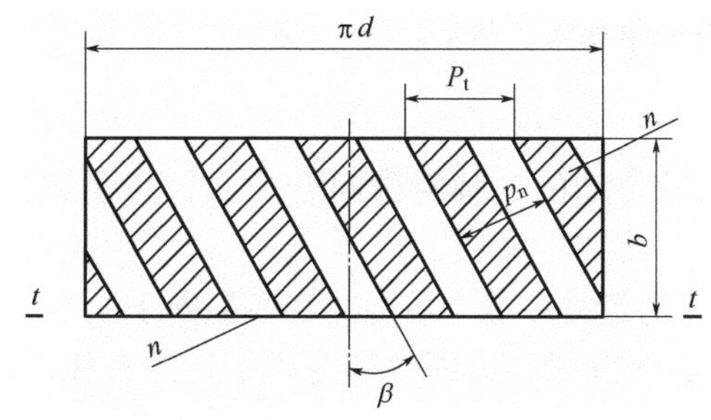

图 4-18　斜齿轮端面和法面的关系

斜齿圆柱齿轮螺旋角 β 是指螺旋线与轴线的夹角。斜齿圆柱齿轮各个圆柱面的螺旋角不同，平时所说的螺旋角均指分度圆上的螺旋角，用 β 表示。β 越大，轮齿的倾斜程度越大，因而传动平稳性越好，但轴向力也越大，所以一般取 $\beta=8°\sim30°$，常用 $\beta=8°\sim15°$。

（4）斜齿圆柱齿轮的正确啮合条件

一对斜齿圆柱齿轮的正确啮合条件为

$$\beta_1=-\beta_2\text{（外啮合）},\quad \beta_1=\beta_2\text{（内啮合）}$$

$$m_{n1}=m_{n2}=m_n\text{（两齿轮法面模数）}$$

$$\alpha_{n1}=\alpha_{n2}=\alpha\text{（两齿轮齿形角）}$$

2. 直齿圆锥齿轮传动

直齿圆锥齿轮轮齿分布在圆锥面上，有直齿、斜齿和曲齿三种，其中直齿圆锥齿轮应用最多，如图 4-19 所示。

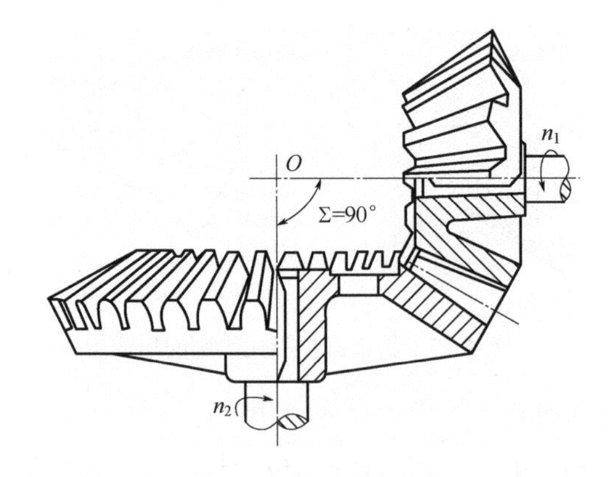

图 4-19　直齿圆锥齿轮传动

直齿圆锥齿轮应用于两轴相交时的传动，两轴间交角可以任意，在实际应用中多采用两轴互相垂直的形式传动。

由于圆锥齿轮的轮齿分布在圆锥面上，所以轮齿的尺寸沿着齿宽方向变化，大端轮齿的尺寸大，小端轮齿的尺寸小。为了便于测量，并使测量时的相对误差缩小，规定以大端的参数作为标准参数。

为保证正确啮合，直齿圆锥齿轮传动应满足以下条件。

① 两齿轮的大端端面模数（端面齿距 p_t 除以圆周率所得的商）相等，即 $m_{t1}=m_{t2}=m$。

② 两齿轮的大端齿形角相等，即 $\alpha_1=\alpha_2=\alpha$。

3. 齿轮齿条传动

齿轮齿条传动是齿轮传动的一种特殊组合方式。齿条就像一个拉直了舒展开来的直齿轮。

当齿轮的圆心位于无穷远处，其上各圆的直径趋向于无穷大，齿轮上的基圆、分度圆、齿顶圆等各圆成为基线、分度线、齿顶线等互相平行的直线，渐开线齿廓也变成直线齿廓（图 4-20），齿轮即演变成为齿条，齿条分直齿条和斜齿条。

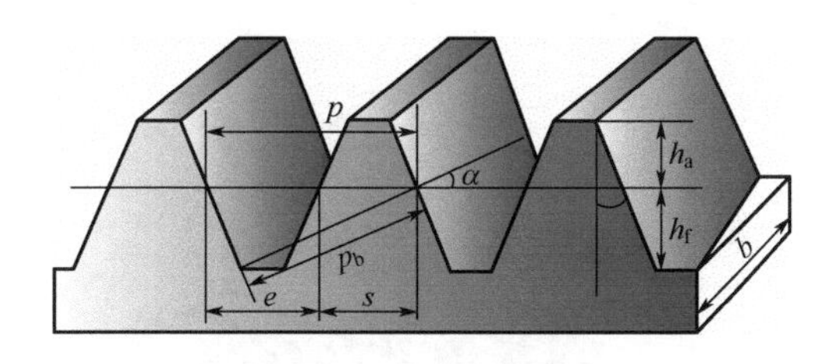

图 4-20 齿条

与齿轮相比，齿条的主要特点如下。

① 由于齿条的齿廓是直线，所以齿廓上各点的法线互相平行。传动时，齿条作直线运动，且速度大小和方向均一致。齿条齿廓上各点的齿形角均相等，且等于齿廓直线的倾斜角，其标准值为 20°。

② 由于齿条上各齿的同侧齿廓互相平行，所以无论是在分度线（即基本齿廓的基准线）上、齿顶线上，还是在分度线平行的其他直线上，各齿距均相等，模数为同一标准值。齿条分度线上的齿厚和齿槽宽相等，齿条分度线是确定齿条各部分尺寸的基准线。

4.4 蜗杆传动

蜗杆传动主要应用于传递空间垂直交错两轴间的运动和动力。蜗杆传动具有传动比大、结构紧凑等优点，广泛应用于机床分度机构、汽车、仪器、冶金机械及其他机械设备中（图 4-21）。

移动门

垂直电梯

图 4-21 蜗杆传动应用

4.4.1 蜗杆传动概述

1. 蜗杆传动的组成

蜗杆传动由蜗杆和蜗轮组成，通常由蜗杆（主动件）带动蜗轮（从动件）转动，并传递运动和动力。其两轴线在空间一般交错成 90°，如图 4-22 所示。

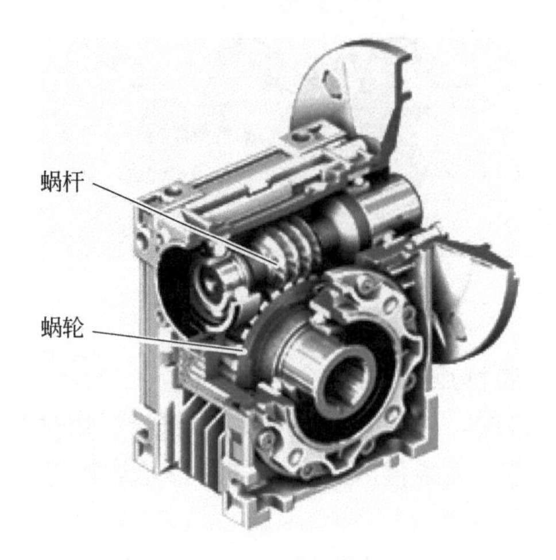

图 4-22　蜗杆传动

（1）蜗杆结构

蜗杆通常与轴合为一体，结构如图 4-23 所示。

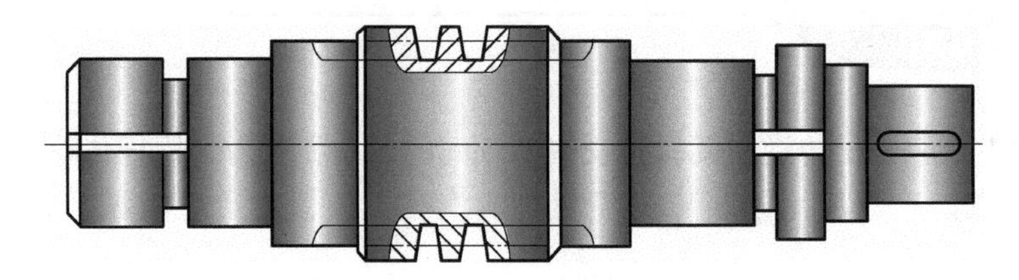

图 4-23　蜗杆结构

（2）蜗轮结构

蜗轮常采用组合结构，连接方式有铸造连接、过盈配合连接和螺栓连接。

2. 蜗杆的分类

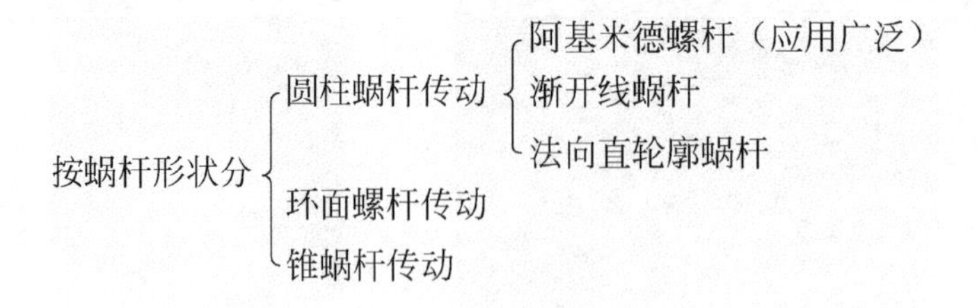

按蜗杆螺旋线方向分 { 左旋蜗杆 / 右旋蜗杆

按蜗杆头数不同分类 { 单头螺杆 / 多头蜗杆

3. 蜗杆传动的优缺点

① 传动比大。假设蜗杆头数为 z_1，蜗轮齿数为 z_2，当蜗杆转动一周时，蜗轮转动 z_1/z_2 圈，蜗杆的转速为 n_1 时，蜗轮的转速为 $n_2 = n_1 z_1/z_2$ 。所以蜗杆传动的传动比应为

$i_{12}=n_1/n_2=z_2/z_1$。在动力系统中，蜗杆的传动比 $i=8\sim60$；在分度机构的蜗杆传动中，i 可达 600～1000。

② 由于蜗杆齿为连续不断的螺旋形，在与蜗轮啮合时，是逐渐进入或逐渐退出啮合的，同时啮合的齿数又较多。因此，蜗杆传动比较平稳且噪声小。

③ 承载能力大。蜗杆与蜗轮啮合为线接触，同时啮合的齿数较多，抗弯强度较高，轮齿极少出现弯曲折断现象，因此，承载能力大。

④ 有自锁作用。当蜗杆导程角较小时（$r\leqslant3°\sim6°$），无论在蜗杆上加多大的力都不能使蜗杆转动，这种现象称为自锁。这一性质在起重机械设备中可以起安全保护作用。

⑤ 蜗轮材料贵。在动力传动中，为了减少摩擦，提高效率和寿命，蜗轮往往要用价格昂贵的耐磨金属（如青铜）制造，具有较高的硬度和较高的表面粗糙度要求。

⑥ 效率低。蜗杆传动时，齿面之间有剧烈的滑动摩擦，易引起发热，传动效率低，一般为 0.7～0.9，自锁蜗杆传动效率只有 0.4 左右。

4.4.2 蜗杆传动的主要参数和啮合条件

在各种类型的蜗杆中，以阿基米德蜗杆的应用最为广泛。本章以阿基米德蜗杆为例介绍蜗杆机构的基本参数和几何尺寸计算。

在图 4-24 所示为阿基米德蜗杆与蜗轮的啮合。通过蜗杆轴线并与蜗轮轴线垂直的平面称为中间平面。在此平面内，蜗杆与蜗轮的啮合相当于渐开线齿轮与齿条的啮合。蜗杆传动的主要参数和几何尺寸均以中间平面为准。

图 4-24 阿基米德蜗杆与蜗轮的啮合图

1. 模数 m 与压力角 α

蜗轮传动的啮合情况与齿条和渐开线齿轮啮合的情况相同。其正确啮合条件是：蜗杆轴向模数 m_{x1} 和轴向压力角 α_{x1} 应分别等于蜗轮端面模数 m_{t2} 和蜗轮端面压力角 α_{t2}，蜗杆导程角 γ 等于蜗轮螺旋角 β，并且旋向相同，即：

$$m_{x1}=m_{t2}=m$$

$$\alpha_{x1}=\alpha_{t2}=\alpha$$

$$\gamma=\beta$$

通常蜗轮端面模数 m 和蜗轮端面压力角 α 取标准值。模数 m 的标准值见表 4-5（第一系列应优先采用），压力角 α 的标准值为 20°。

表 4-5　蜗杆模数 m 值（GB 10088—1988）　单位：mm

第一系列	1　1.25　1.6　2　2.5　3.15　4　5　6.3　8　10　12.5　16
第二系列	1.5　3　3.5　4.5　5.5　6　7　12　14

蜗杆的轴向齿距 p_{x1} 应等于蜗轮的端面齿距 p_{t2}，即：

$$p_{x1} = p_{t2} = \pi m$$

2. 分度圆直径、蜗杆直径系数、导程角

通常，蜗杆分度圆直径用 d_1 表示，蜗轮分度圆用 d_2 表示。蜗轮分度圆直径可表示为：$d_2 = mz$

由几何分析可知，蜗杆导程角 γ、蜗杆头数 z_1、蜗杆分度圆直径 d_1 的关系可表示为：

$$\tan\gamma = z_1 m / d_1$$

即

$$d_1 = z_1 m / \tan\gamma$$

因为，蜗轮滚刀不能像齿轮滚刀那样同一模数和压力角只用一把刀。在实际工作中，随着蜗杆分度圆直径等参数的不同，要用不同的蜗轮滚刀。这样就要配备很多不同规格的蜗轮滚刀。为了减少刀具的数目，便于刀具标准化，对每一种模数 m 只规定了 1 个（或 2 个）蜗杆直径 d_1。令 $q = z_1 / \tan\gamma$，则有

$$d_1 = qm$$

式中，q 称为蜗杆直径系数。

设计蜗杆传动时，m 和 q 的值应符合国家标准规定。由公式可以看出，当 m 值一定时，q 值的大小与蜗杆直径成正比。即 q 值增大，d_1 相应增大，使蜗杆刚度增大，但导程角 γ 随之减小，使效率降低。所以在确定各参数时，要全面加以考虑。当 z_1 和 q 的值确定后，蜗杆的导程角 γ 即可求出。

3. 传动比、蜗杆头数和蜗轮齿数

蜗杆的传动比为 $i_{12} = \dfrac{n_1}{n_2} = \dfrac{z_2}{z_1}$，从式中可知，要获得较大的传动比，可取 $z_1 = 1$，但传动效率低，常用于分度机构或要求自锁的场合。在动力传动中，为了提高效率，可取 $z_1 = 4$，在实际工作中通常取 $z_1 = 2$～4，且蜗杆的头数不能多，否则难以加工。当传动比 i_{12} 与蜗杆头数 z_1 确定后，再由 $z_2 = i_{12} z_1$ 求得蜗轮齿数。如果蜗轮与单头蜗杆啮合，则 z_2>22；如果蜗轮与多头蜗杆啮合，则 z_2>26，以免发生根切现象。为了控制蜗轮蜗杆的结构、尺寸，用于动力传递中的蜗轮齿数不宜多，一般为 60～80，否则，会降低蜗杆的刚度，影响啮合精度。

4.4.3　蜗杆传动的维护及蜗轮回转方向的判定

在制造精度和传动比相同的条件下，蜗杆传动的效率比齿轮传动低，蜗杆和蜗轮齿间发热量较大，会导致润滑失效，引起磨损加剧。因此蜗杆传动的日常维护在于蜗杆传动的润滑和散热。

1. 蜗杆传动的润滑与散热

（1）蜗杆传动的润滑

润滑对蜗杆传动具有特别重要的意义。由于蜗杆传动摩擦产生的发热量较大，所以要求工作时有良好的润滑条件。润滑的主要目的就在于减摩与散热，以提高蜗杆传动的效率，防止胶合及减少磨损。

（2）蜗杆传动的散热

蜗杆传动由于摩擦大、传动效率低，所以工作时发热量较大。在闭式传动中，如果不能及时散热，将因油温不断升高而使润滑油稀释，从而增大摩擦损失，甚至发生胶合。因此对于连续工作的闭式蜗杆传动，需要将箱体内的温升控制在许可范围内。

为提高散热能力，可考虑采取下面的措施：如在箱体外壁增加散热片；在蜗杆轴端装置风扇进行人工通风，在箱体油池内装蛇形冷却水管，采用压力喷油循环润滑等。

2. 蜗轮回转方向的判定

在蜗杆传动中，蜗轮、蜗杆齿的旋向应一致，即同为左旋或右旋。蜗轮回转方向的判定取决于蜗杆的旋向和蜗杆的回转方向，可用左（右）手定则来判定。

（1）判断蜗杆或蜗轮的旋向

右手定则：手心对着自己，四指顺着蜗杆或蜗轮轴线方向摆正，若齿向与右手拇指指向一致，则该蜗杆或蜗轮为右旋，反之则为左旋，如图 4-25 所示。

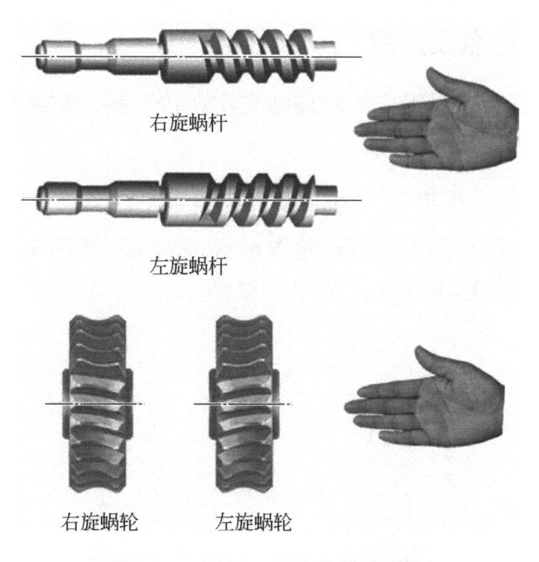

图 4-25 蜗杆、蜗轮的旋向判定

（2）判断蜗轮的回转方向

左、右手法则：左旋蜗杆用左手，右旋蜗杆用右手，用四指弯曲表示蜗杆的回转方向，拇指伸直代表蜗杆轴线，则拇指所指方向的相反方向即为蜗轮上啮合点的线速度方向，如图 4-26 所示。

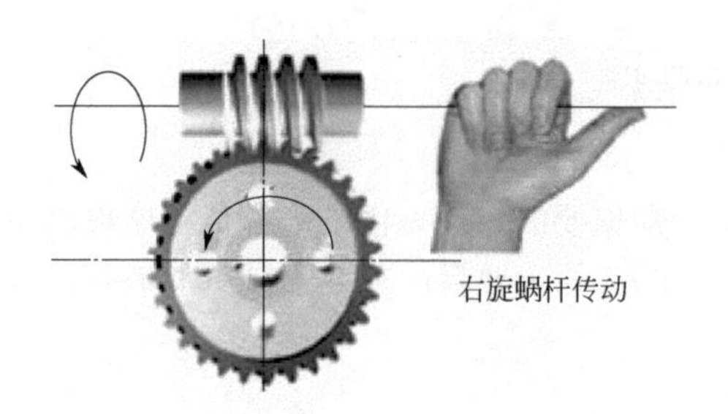

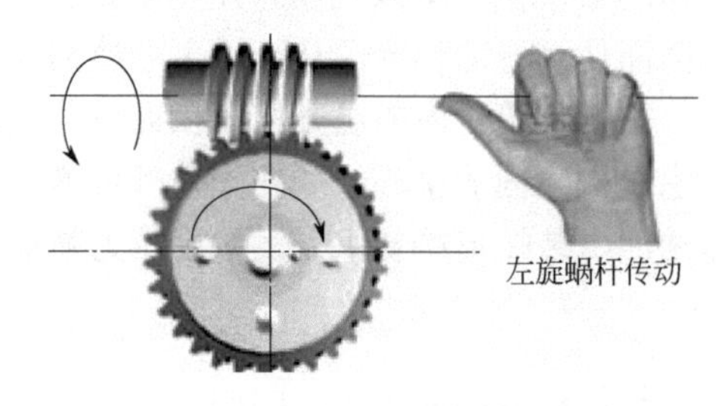

图 4-26　蜗轮的回转方向判定

4.5　螺旋传动

4.5.1　螺纹的类型、特点及应用

螺旋传动是利用螺杆和螺母组成的螺旋副来实现传动的。螺纹类型有多种，除了可以实现传动外，也能对零件进行紧固连接。

1. 按螺纹牙型分类及其应用

螺纹牙型是指通过轴线断面上的螺纹轮廓形状。根据牙型不同，螺纹可分为三角形螺纹、矩形螺纹、梯形螺纹、锯齿形螺纹等，如图 4-27 所示。

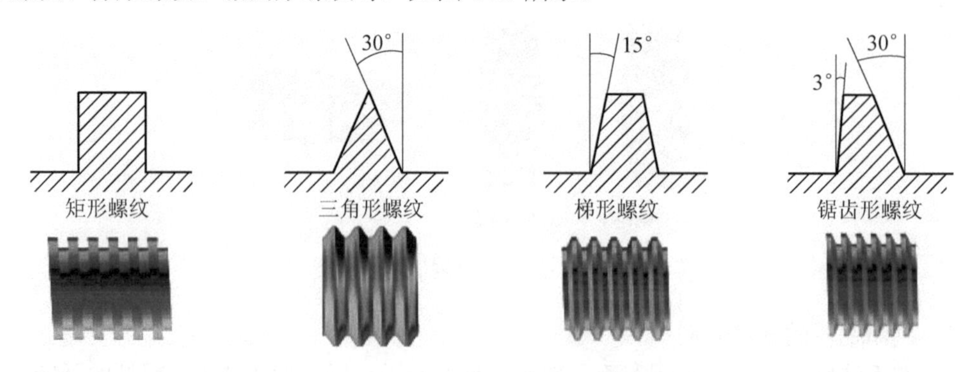

图 4-27　常见的螺纹类型

① 三角形螺纹：又称普通螺纹，牙型为三角形，普通螺纹一般分为粗牙螺纹和细牙螺纹两种，广泛用于各种紧固连接。粗牙螺纹应用最广，细牙螺纹适用于薄壁零件等的连接和微调机构的调整。

② 矩形螺纹：牙型为矩形，传动效率高，用于螺旋传动。但牙根强度低，精加工困难，

矩形螺纹未标准化，现在已经逐渐被梯形螺纹代替。

③ 梯形螺纹：牙型为梯形，牙根强度高，易于加工。广泛用于机床设备的螺旋传动中。

④ 锯齿形螺纹：牙型为锯齿形，牙根强度高，用于单向螺旋传动中，多用于起重机械或压力机械。

2. 按螺旋线方向分类及其应用

根据螺旋线的方向不同，螺纹分为左旋螺纹和右旋螺纹，如图 4-28 所示。

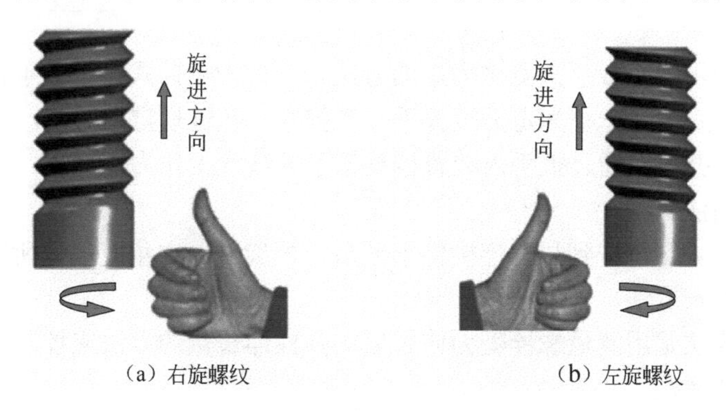

（a）右旋螺纹　（b）左旋螺纹

图 4-28　右旋螺纹和左旋螺纹

图 4-28（a）为右旋螺纹，一般为顺时针旋入，应用广泛。图 4-28（b）为左旋螺纹，一般为逆时针旋入。

3. 按螺旋线的线数分类及其应用

根据螺旋线的线数（头数）、分为单线螺纹、双线螺纹和多线螺纹。单线螺纹是沿一条螺旋线所形成的螺纹，多用于螺纹连接。多线螺纹是指沿两条或两条以上在轴向等距分布的螺旋线所形成的螺纹，多用于螺旋传动。

4. 按螺旋线形成的表面分类

根据螺旋线形成的表面，分为内螺纹和外螺纹。

4.5.2　螺纹连接的类型、应用及结构

1. 螺纹连接的基本类型

螺纹连接是利用螺纹零件构成的可拆连接，其结构简单，拆配方便。主要形式有螺栓连接、双头螺柱连接、螺钉连接和紧定螺钉连接四种。

① 螺栓连接：结构简单，装拆方便，适用于被连接件厚度不大且能从两面进行装配的场合。

② 双头螺柱连接：将螺柱上螺纹较短的一端旋入并紧定在被连接件之一的螺纹孔中，不再拆下，适用于被连接件之一较厚不宜制作通孔及需要经常拆卸的场合。

③ 螺钉连接：适用于被连接件之一较厚不宜制作通孔，且不需要经常拆卸的场合。

④ 紧定螺钉连接：利用螺钉旋入一零件，并以其末端顶紧另一零件来固定两零件之间的相互位置，可传递不大的力及转矩，多用于轴与轴上零件的连接。

2. 螺纹连接的预紧及预紧力的控制方法

螺栓连接在装配时一般都需要预先拧紧。其目的是防止工作时连接出现缝隙和滑移，保证连接的紧密性和可靠性。如果预紧力过小，会使连接不可靠，如果预紧力过大，容易将螺栓拉断。

对于一般的螺纹连接，预紧力的大小靠装配经验来控制，但对于重要连接，预紧力的大小必须经过严格的测定来控制。常用的控制方法主要有力矩法、螺母转角法和测定螺栓伸长法三种。

（1）力矩法

力矩法是一种用力矩扳手来测定力矩的方法。一种为指针式扭力扳手，可通过指示表读出所加力矩的大小。另外一种为定力矩扳手，当拧紧力超过规定值时将产生打滑，不能连续施加更大的力矩，并可以通过扳手内装置调整扳手的最大工作力矩。

（2）螺母转角法

螺母转角法是将螺母拧到与被连接件紧贴后，再旋转一定角度获得所需的预紧力。

（3）测定螺栓长度法

测定螺栓长度法是用测量螺栓受力伸长后的弹性伸长量的办法来控制预紧力，这种方法常用于直径较大的螺栓。

4.5.3 螺纹连接的防松方法

螺纹连接是利用螺纹的自锁性来达到连接要求的，一般情况下不会松动。但是在冲击、振动、变载、温度变化较大时，螺纹会产生自动松脱。因此，设计螺纹连接时必须考虑防松。螺纹连接防松的根本问题是阻止螺旋副相对转动。防松的方法很多，这里介绍常见的方法。防松主要分为摩擦防松、机械防松、永久防松三种。

1. 摩擦防松

摩擦防松是应用最广的一种防松方式，这种方式在螺纹副之间产生一不随外力变化的正压力，以产生一可以阻止螺纹副相对转动的摩擦力。这种正压力可通过轴向或同时两向压紧螺纹副来实现。如采用弹性垫圈、双螺母、自锁螺母和尼龙嵌件锁紧螺母等。这种防松方式对于螺母的拆卸比较方便，但在冲击、振动和变载荷的情况下，一开始螺栓会因松弛导致预紧力下降，随着振动次数的增加，损失的预紧力缓慢地增多，最终将会导致螺母松脱、螺纹连接失效。

2. 机械防松

机械防松是用止动件直接限制螺纹副的相对转动。如采用开口销、串连钢丝和止动垫圈等，这种方式造成拆卸不方便。

3. 永久防松

永久防松是在拧紧后采用冲点、焊接、粘接等方法，使螺纹副失去运动副特性而连接成为不可拆连接。这种方式的缺点是栓杆只能使用一次，且拆卸十分困难，必须破坏螺栓副方可拆卸。

4.5.4 螺旋传动的应用形式

螺旋传动具有结构简单，工作连续、平稳，承载能力强，传动精度高等优点，广泛应用于各种机械和仪器中。

按工作特点，螺旋传动用的螺旋分为传力螺旋、传导螺旋和调整螺旋。

① 传力螺旋：以传递动力为主，它用较小的转矩产生较大的轴向推力，一般为间歇工作，工作速度不高，而且通常要求自锁，如螺旋压力机和螺旋千斤顶上的螺旋。

② 传导螺旋：以传递运动为主，常要求具有高的运动精度，一般在较长时间内连续工作，工作速度也较高，如机床的进给螺旋（丝杠）。

③ 调整螺旋：用于调整并固定零件或部件之间的相对位置，一般不经常转动，要求自锁，有时也要求有很高的精度，如机器和精密仪表微调机构的螺旋。

按螺纹间摩擦性质，螺旋传动可分为滑动螺旋传动和滚动螺旋传动。滑动螺旋传动又可分为普通滑动螺旋传动和静压螺旋传动。

1. *滑动螺旋传动*

通常所说的滑动螺旋传动就是普通滑动螺旋传动。滑动螺旋通常采用梯形螺纹和锯齿形螺纹，其中梯形螺纹应用最广，锯齿形螺纹用于单面受力。矩形螺纹由于工艺性较差、强度较低等原因应用很少；对于受力不大和精密机构的调整螺旋，有时也采用三角螺纹。

一般螺纹升程和摩擦系数都不大，因此虽然轴向力 F 相当大，而转矩 T 则相当小。传力螺旋就是利用这种工作原理获得机械增益的。升程越小则机械增益的效果越显著。滑动螺旋传动的效率低，一般为 30%～40%，能够自锁，而且磨损大、寿命短，还可能出现爬行等现象。

2. *静压螺旋传动*

静压螺旋传动即螺纹工作面间形成液体静压油膜润滑的螺旋传动。静压螺旋传动摩擦系数小，传动效率可达 99%，无磨损和爬行现象，无反向空程，轴向刚度很高，不自锁，具有传动的可逆性，但螺母结构复杂，而且需要有一套压力稳定、温度恒定和过滤要求高的供油系统。静压螺旋常被用作精密机床进给和分度机构的传导螺旋。这种螺旋采用牙较高的梯形螺纹。在螺母每圈螺纹中径处开有 3～6 个间隔均匀的油腔。同一母线上同一侧的油腔连通，用一个节流阀控制。油泵将精滤后的高压油注入油腔，油经过摩擦面间缝隙后再由牙根处回油孔流回油箱。当螺杆未受载荷时，牙两侧的间隙和油压相同。当螺杆受向左的轴向力作用时，螺杆略向左移，当螺杆受径向力作用时，螺杆略向下移。当螺杆受弯矩作用时，螺杆略偏转。由于节流阀的作用，在微量移动后各油腔中油压发生变化，螺杆平衡于某一位置，保持某一油膜厚度。

3. *滚动螺旋传动*

滚动螺旋传动即用滚动体在螺纹工作面间实现滚动摩擦的螺旋传动，又称滚珠丝杠传动，滚动体通常为滚珠，也有用滚子的。滚动螺旋传动的摩擦系数、效率、磨损、寿命、抗爬行性能、传动精度和轴向刚度等虽比静压螺旋传动稍差，但远比滑动螺旋传动要好。滚动螺旋传动的效率一般在 90%以上。它不自锁，具有传动的可逆性；但结构复杂，制造精度要求高，抗冲击性能差。它已广泛地应用于机床、飞机、船舶和汽车等要求高精度或高效率的场合。滚动螺旋传动的结构形式，按滚珠循环方式分外循环和内循环。外循环的导路为一导管，将螺母中几圈滚珠连成一个封闭循环。内循环用反向器，一个螺母上通常有 2～4 个反向器，将螺母中滚珠分别连成 2～4 个封闭循环，每圈滚珠只在本圈内运动。外循环的螺母加工方便，但径向尺寸较大。为提高传动精度和轴向刚度，除采用滚珠与螺纹选配外，常用各种调整方法以实现预紧。

第5章 常用机构

5.1 平面四杆机构

5.1.1 平面连杆机构

平面连杆机构是由一些刚性构件通过转动副和移动副相互连接而组成的在同一平面或相互平行平面内运动的机构。平面连杆机构中的运动副都是低副，因此平面连杆机构是低副机构。平面连杆机构能够实现某些较为复杂的平面运动，在生产中广泛用于动力的传递或改变运动形式。平面连杆机构的形状多种多样，不一定为杆状，但从运动原理看，均可用等效的杆状构件来替代。最常用的平面连杆机构是具有四个构件（包括机架）的低副机构，称为四杆机构。

所有运动副均为转动副的四杆机构称为铰链四杆机构，它是平面四杆机构的基本形式，其他四杆机构都可以看成是在它的基础上演化而来的，也是多杆机构的基础。

5.1.2 铰链四杆机构的组成与分类

铰链四杆机构中（图 5-1），固定不动的构件 4 称为机架（又称静件、固定件）。机构中不与机架相连的构件 2 称为连杆。机构中与机架用低副相连的构件 1、3 称为连架杆。

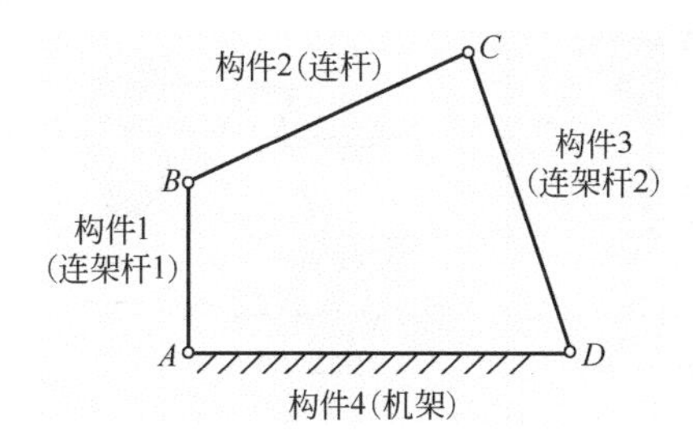

图 5-1 铰链四杆机构

连架杆按其运动特征可分成曲柄和摇杆两种。曲柄——与机架用转动副相连且能绕该转动副轴线整圈旋转的构件。摇杆——与机架用转动副相连但只能绕该转动副轴线摆动的构件。根据两连架杆是曲柄还是摇杆，铰链四杆机构可分为曲柄摇杆机构、双曲柄机构和双摇杆机构三大基本类型。

1．曲柄摇杆机构

在铰链四杆机构的两个连架杆中，一个为曲柄，另一个为摇杆，则该铰链四杆机构称为曲柄摇杆机构，如图 5-2 所示。

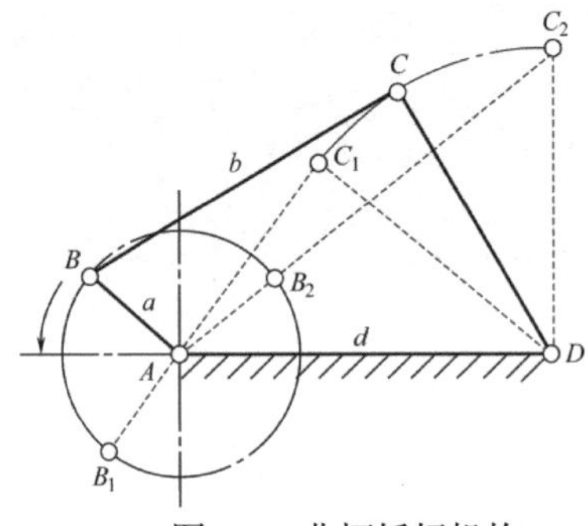

图 5-2　曲柄摇杆机构

曲柄摇杆机构可以曲柄为主动件，也可以摇杆为主动件。当以曲柄为主动件时，机构能将曲柄的整周回转运动转变成摇杆的往复摆动运动。曲柄摇杆机构在剪板机、破碎机及刨床、插床等各种机床的进给机构中，得到广泛的应用，其应用实例及运动分析见表 5-1。

表 5-1　曲柄摇杆机构的应用实例及运动分析

类型	应用实例	运动简图	运动分析
曲柄摇杆机构	搅拌机的搅拌机构		曲柄 *AB* 连续回转时，带动摇杆 *CD* 往复摆动，从而完成搅拌动作，当曲柄 *AB* 为主动件时，可将曲柄的整周回转运动转换为从动件摇杆 *CD* 的往复摆动运动
	缝纫机的踏板机构		踏板 *CD* 往复摆动时，连杆 *BC* 使曲柄 *AB* 做整周回转运动，在此运动中，踏板 *CD* 为主动件

2．双曲柄机构

两个连架杆均为曲柄的铰链四杆机构称为双曲柄机构，如图 5-3 所示。一般双曲柄机构两个曲柄的长度不相等，连杆与机架的长度也不相等，因此，当主动曲柄等速回转一周时，

从动曲柄则变速回转一周。

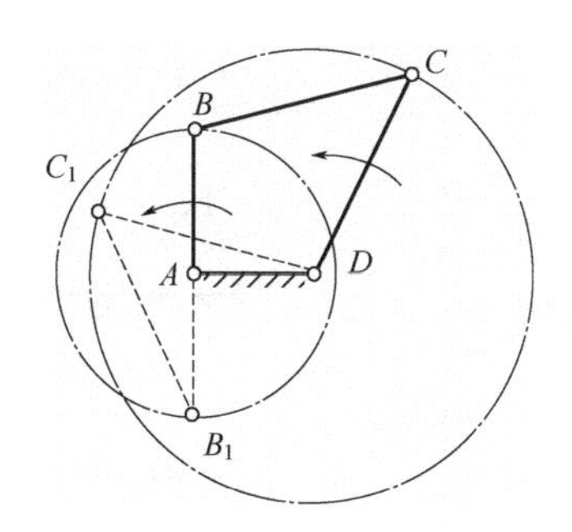

图 5-3　双曲柄机构

在双曲柄机构中，如果两曲柄的长度相等，连杆与机架的长度也相等而且互相平行，则该机构称为平行双曲柄机构，或称平行四边形机构，如图 5-4 所示。平行双曲柄机构主动曲柄与从动曲柄的旋转方向相同，角速度也相等。在双曲柄机构中，如果两曲柄的长度相等，连杆与机架的长度也相等但互不平行，则该机构为反向双曲柄机构，或称反向平行四边形机构，如图 5-5 所示。反向双曲柄机构主动曲柄与从动曲柄的旋转方向相反。双曲柄机构常用于旋转式水泵、惯性筛等，其应用实例及运动分析见表 5-2。

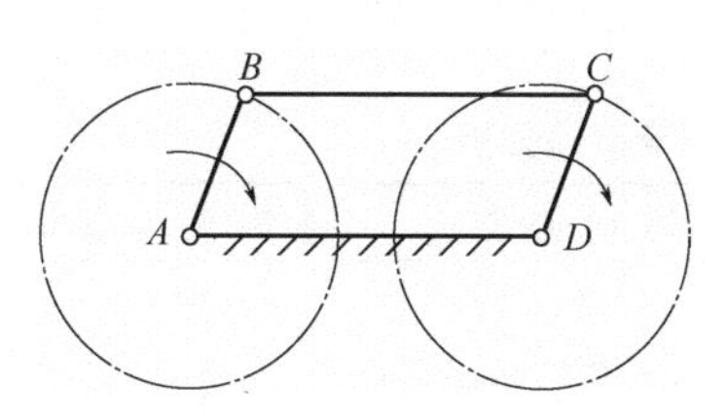

图 5-4　平行双曲柄机构

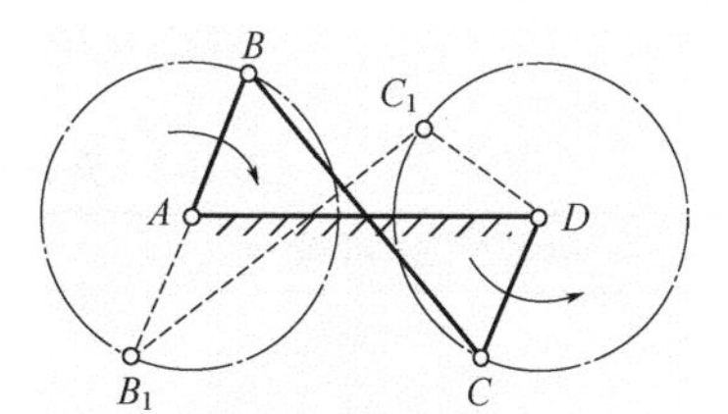

图 5-5　反向双曲柄机构

表 5-2　双曲柄机构的应用实例及运动分析

类型	应用实例	运动简图	运动分析
双曲柄机构	惯性筛机构	双曲柄机构	当主动曲柄 1 等速转动时，连杆 2 带动从动曲柄 3 做变速运动，再通过构件 5 带动筛子 6 做变速往复直线运动，具有了所需的加速度，利用加速度所产生的惯性力，使颗粒材料在筛子上往复运动而达到筛分的目的
	火车车轮	平行双曲柄机构	有两对边杆平行、两曲柄转动方向相同、角速度相等的特点，保持车轮匀速转动

续表

类型	应用实例	运动简图	运动分析
双曲柄机构	汽车车门启闭机构	反向双曲柄机构	*AB*、*CD* 两曲柄长度相等，连杆 *BC* 与机架 *AD* 长度相等但不平行，两曲柄转动方向相反，角速度不相等，当主动曲柄 *AB* 转动时，通过 *BC* 使 *CD* 朝反向转动，从而保证两扇车门能同时开启和关闭到各自预定的工作位置

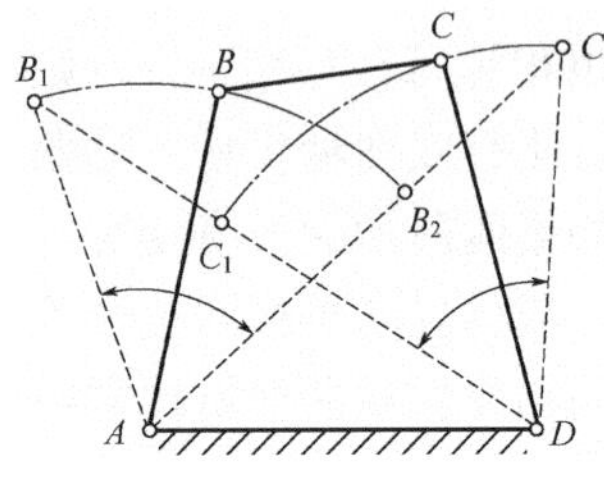

图 5-6　双摇杆机构

3. 双摇杆机构

两个连架杆均为摇杆的铰链四杆机构称为双摇杆机构，如图 5-6 所示。

双摇杆机构能将主动摇杆的往复摆动运动转换成从动摇杆的往复摆动运动。一般的双摇杆机构两摇杆的长度不相等，连杆与机架的长度也不相等，因此，两摇杆的摆角也不相等。双摇杆机构常用于自卸翻斗装置、港口起重吊车等（表 5-3）。

表 5-3　双摇杆机构的应用实例及运动分析

类型	应用实例	运动简图	运动分析
双摇杆机构	摇头电风扇机构	蜗轮 C B A D 蜗杆 电动机 风扇座	电动机在摇杆 *AD* 上，铰链 *A* 处装有一个与连杆固结成一体的蜗轮，蜗轮与电动机轴上的蜗杆相啮合。电动机转动时，通过蜗杆和蜗轮迫使连杆转动时，带动两从动摇杆 *AD* 和 *BC* 做往复摆动，从而实现了风扇的摇头动作
	起重机机构	B C M D A	当摇杆 *AB* 摆动时，摇杆 *CD* 随之摆动，可使吊在连杆 *BC* 上 *M* 点的重物做近似水平移动，这样可避免重物在平移时产生不必要的升降，减少能量的消耗

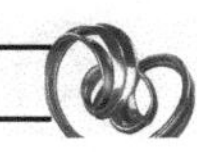

5.1.3 铰链四杆机构的基本性质

1. 曲柄存在的条件

工程实际中，用于驱动机构运动的原动机通常是做整周转动运动的（如电动机），这就要求机构的主动件也能做整周转动，即希望主动件是曲柄。铰链四杆机构三种基本类型的区别在于机构中是否存在曲柄和存在几个曲柄。而曲柄是否存在，则取决于机构中各杆的长度关系。即要使连架杆能做整周转动而成为曲柄，各杆长度必须满足一定的条件，这就是曲柄存在的条件。

由经验可得出铰链四杆机构存在曲柄的条件：

① 杆与最长杆长度之和小于或等于其余两杆长度之和。

② 杆与机架中必有一杆为最短杆。

根据曲柄存在的条件，可以推论出铰链四杆机构三种基本类型的判别方法，见表 5-4。

表 5-4　铰链四杆机构三种基本类型的判别方法

<table>
<tr><th>机构种类</th><th>示意图</th><th>曲柄</th><th colspan="2">曲柄存在条件及类型判别</th></tr>
<tr><td>曲柄摇杆机构</td><td>A B C D 1 2 3 4</td><td>最短杆</td><td rowspan="2">（1）最短杆与最长杆长度之和小于或等于其余两杆长度之和
（2）连架杆与机架中必有一杆为最短杆</td><td>以最短杆的相邻杆为机架</td></tr>
<tr><td>双曲柄机构</td><td>A B C D 1 2 3 4</td><td>两个连架杆</td><td>以最短杆为机架</td></tr>
<tr><td>双摇杆机构</td><td>A B C D 1 2 3 4</td><td colspan="3">（1）无曲柄，两连架杆为摇杆，以最短杆的对边杆为机架
（2）最短杆与最长杆之和大于其余两杆长度之和</td></tr>
</table>

2. 急回特性

如图 5-7 所示曲柄摇杆机构，当曲柄整周回转时，摇杆在 C_1D 和 C_2D 两极限位置之间往复摆动。当摇杆在两极限位置时，曲柄与连杆共线，曲柄的两个对应位置所夹的锐角称为极位夹角，用 θ 表示。当主动件曲柄沿逆时针方向等角速度连续转动，由 AB_1 位置转到 AB_2 位置时，转角 φ_1 为 $180°+\theta$，摇杆由 C_1D 摆到 C_2D，所用时间为 t_1；当曲柄由 AB_2 位置转动 AB_1 时，转角 φ_2 为 $180°-\theta$，摇杆由 C_2D 摆到 C_1D，所用时间为 t_2。摇杆往复摆动所用的时间不等，平均速度不等，通常情况下，摇杆由 C_1D 摆到 C_2D 的过程被用作机构中从动件的工作行程，摇杆由 C_2D 摆到 C_1D 的过程被用作机构中从动件的空回行程。空回行程的平均速度大于工作行程时的平均速度，机构的这种性质称为急回特性。

机构的急回特性可用行程速比系数 K 表示，即

$$K=\frac{\overline{v_2}}{\overline{v_1}}=\frac{t_1}{t_2}=\frac{180°+\theta}{180°-\theta}$$

式中，$\overline{v_1}$、$\overline{v_2}$ 为摇杆的平均往返速度。当机构有极位夹角时，机构有急回特性；极位夹角越大，机构的急回特性越明显；极位夹角为 0 时，机构往返所用的时间相同，机构具有急回特性。四杆机构的急回特性可以节省非工作时间，提高生产效率。

3. 死点位置

在图 5-7 所示的曲柄摇杆机构中，如果摇杆 CD 为主动件，当摇杆与连杆共线时，若忽略各杆的质量，则这时通过连杆传给曲柄的力将通过铰链中心 A。此力对 A 点不产生力矩，因此，不能使曲柄转动，机构的这种位置称为死点位置。

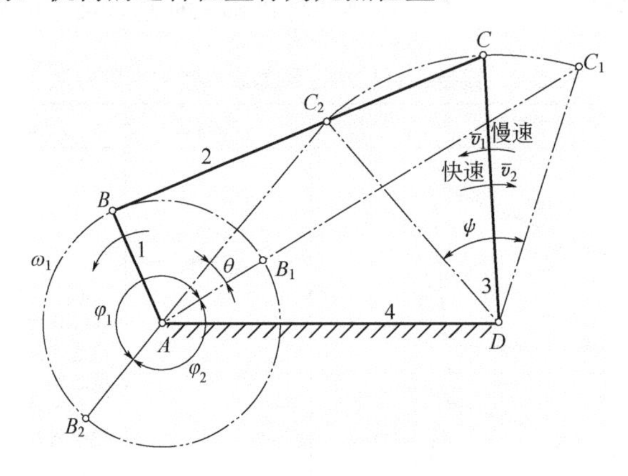

图 5-7　曲柄摇杆机构

在机构中，死点位置将使机构的从动件出现卡死或运动不确定的现象，因此不利于机构的传动。为了消除死点位置的不良影响，可以对从动曲柄施加外力，或利用构件自身及飞轮的惯性作用来保证机构顺利通过死点位置。

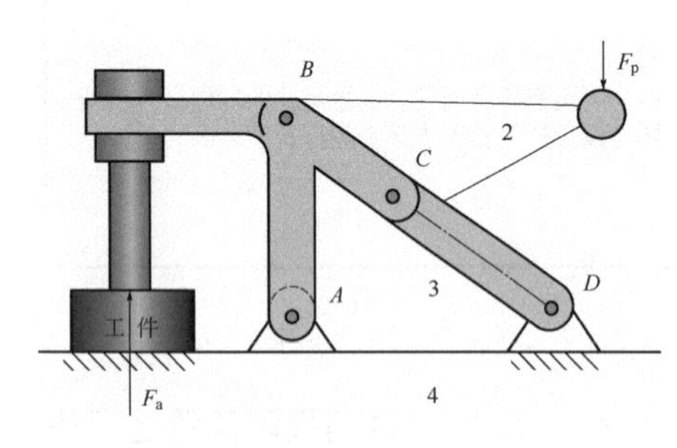

图 5-8　夹紧机构

在不宜安装飞轮时，可用多组机构错列的方法使机构顺利通过死点位置。

工程上也利用机构死点位置的特性来实现某些功能。如图 5-8 所示的夹紧机构，当工件被夹紧时，铰链中心 B、C、D 共线，机构处于死点位置，在手上的外力去掉后，即使工件的应力很大，夹具也不会自动松开。但在夹紧和松开工件时，只需手柄上施加较小的力即可。

5.1.4　铰链四杆机构的演化

在实际机械中，为了满足各种工作的需要还有许多形式不同的平面四杆机构。它们在外形和构造上虽然存在较大差别，但在运动特性上却有许多相似之处。其实它们是通过连杆机构的倒置、改变各杆相对长度或改变运动副形式等方法，由铰链四杆机构演化而来的。

1. 曲柄滑块机构

曲柄滑块机构是具有一个曲柄和一个滑块的平面四杆机构，是由曲柄摇杆机构演化而来的。由图 5-9 可知，当摇杆的长度趋向无穷大时，原来沿圆弧的往复运动变成沿直线的往复移动，也就是摇杆变成了沿导轨往复运动的滑块，曲柄摇杆机构就演化成如图 5-9 所示的曲柄滑块机构。

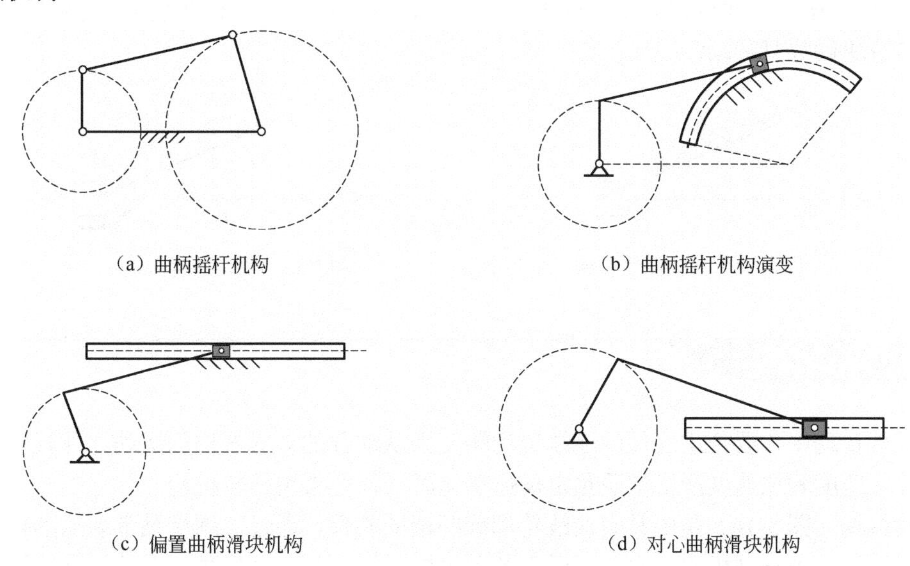

图 5-9　曲柄滑块机构的演变

2. 导杆机构

连架杆中至少有一个构件为导杆的平面四杆机构称为导杆机构。导杆机构可以看成是改变曲柄滑块机构中固定件的位置演化而成的。

（1）转动导杆机构

如图 5-10 所示，在该导杆机构中，与构件 3 组成移动副的构件 4 称为导杆，构件 3 称为滑块，可相对导杆滑动，并可随导杆一起绕 A 点回转。当机架 1 的长度小于杆 2 的长度时，主动件 2 与从动件（导杆）4 均可做整周回转，即为导杆机构。

（2）摆动导杆机构

如图 5-11 所示，在该机构中，当机架 4 的长度大于杆 1 的长度时，主动件杆做整周回转时，从动件只能做往复摆动，即为摆动导杆机构。

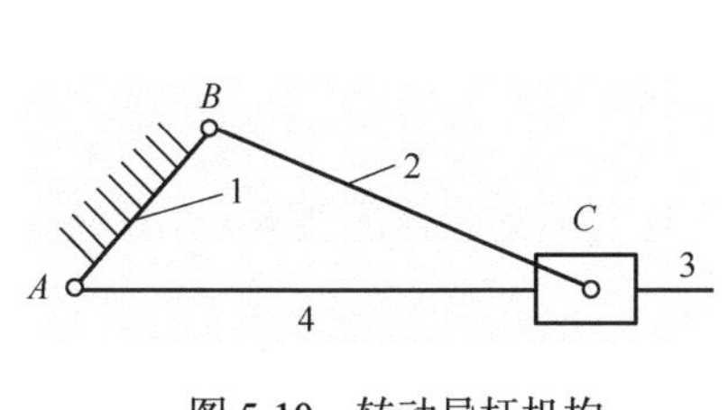

图 5-10　转动导杆机构

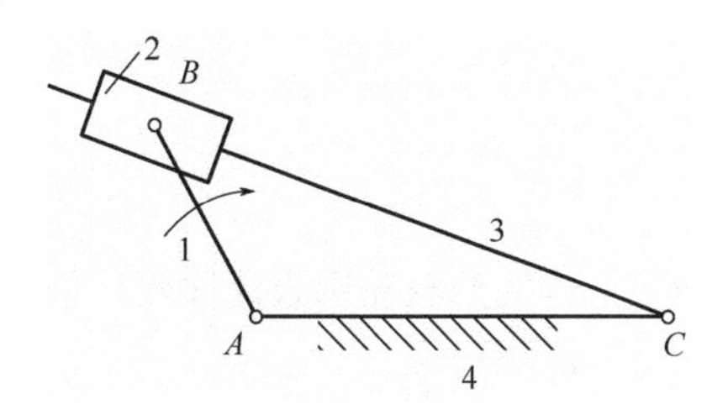

图 5-11　摆动导杆机构

（3）曲柄摇块机构

如图 5-12 所示，此机构一般以杆 1 或杆 4 为主动件。当杆 1 做整周回转或摆动时，导杆 4 相对滑块 3 滑动，并一起绕 *C* 点摆动。滑块 3 只能绕机架上的 *C* 点摆动，称为摇块。当杆 4 为主动件在摇块 3 中移动时，杆 1 则绕 *B* 点回转或摆动。

（4）移动导杆机构

如图 5-13 所示，此机构通常以杆 1 为主动件，杆 1 回转时，杆 2 绕 *C* 点摆动，杆 4 仅相对固定滑块做往复移动。

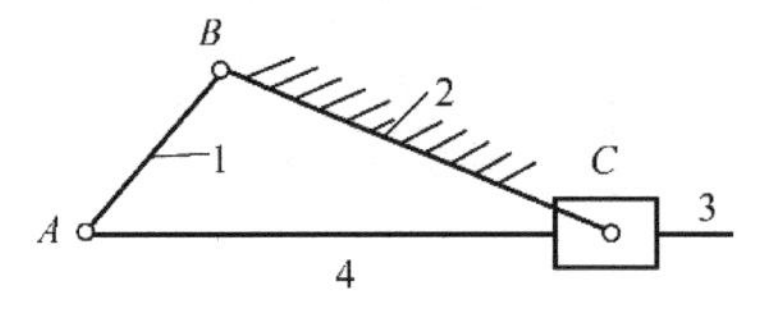

图 5-12　曲柄摇块机构

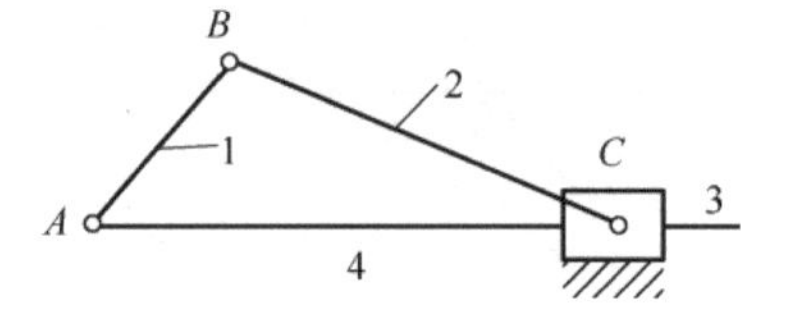

图 5-13　移动导杆机构

5.2　凸轮机构

在机械传动中，要把主动件的连续运动转变为从动件的各式各样的运动，并且要求从动件的位移、速度和加速度严格按照预定规律变化时，往往采用凸轮机构。

凸轮机构（图 5-14）是由具有曲线轮廓或凹槽的构件，通过高副接触带动从动件实现预期运动规律的一种高副机构，它广泛用于各种机械，特别是自动机械、自动控制装置和装配生产线中，是工程实际中用于实现机械化和自动化的一种常用机构。

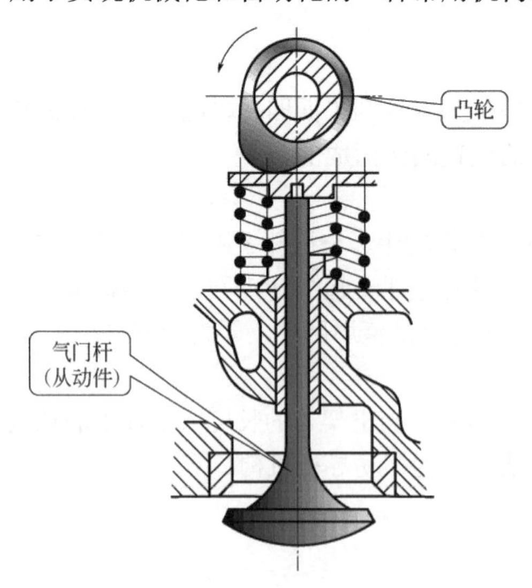

图 5-14　凸轮机构

凸轮机构的凸轮轮廓设计比较简便，可满足从动件往复运动规律的要求，并且结构紧凑，制造容易，使用可靠。

5.2.1　凸轮机构概述

凸轮机构的形式多种多样，通常可按凸轮的形状、从动件的端部形状、从动件的运动形式等进行分类。

1. 凸轮机构的分类

凸轮机构的分类方法、类型、特点和应用见表5-5。

表5-5 凸轮机构的分类

分类方法	类型	图 例	特点及应用
按凸轮的形状分类	盘形凸轮	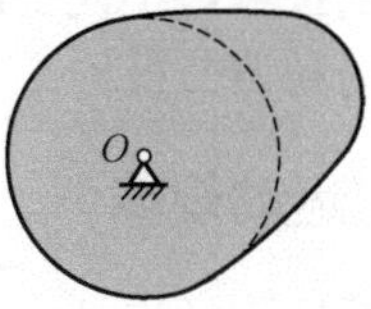 O	凸轮是一个绕固定轴线转动并具有变化半径的盘形零件。从动件在垂直于凸轮旋转轴线的平面内运动
	移动凸轮	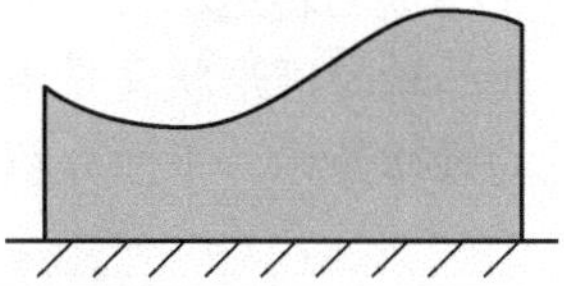	移动凸轮可看成盘形凸轮的回转中心趋于无穷远处，相对于机架做直线往复移动
	圆柱凸轮		圆柱凸轮是一个在圆柱面上开有曲线凹槽或在圆柱端面上作出曲线轮廓的构件，它可看成是将移动凸轮卷成圆柱体演化而成的
按从动件端部形状分类	尖顶从动件		构造最简单，但易磨损，只适用于作用力不大和速度较低的场合（如用于仪表等机构中）
	滚子从动件	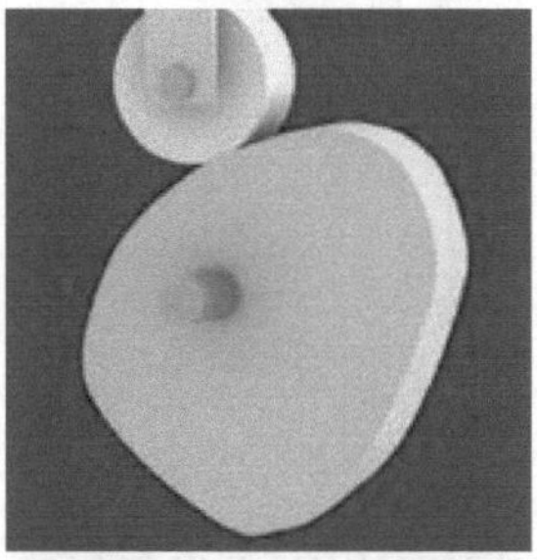	滚子与凸轮轮廓之间为滚动摩擦，磨损较小，故可用于传递较大的动力，应用较广
	平底从动件	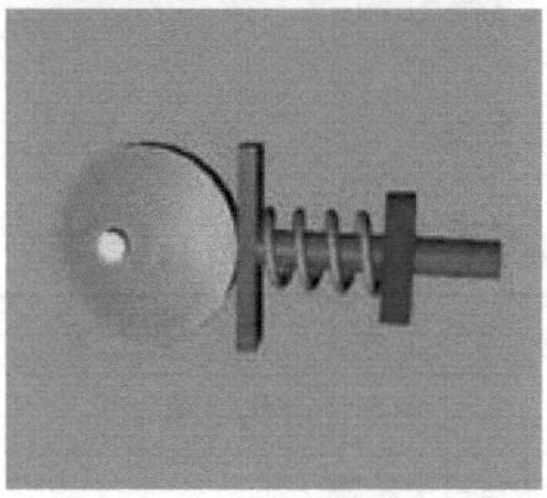	凸轮与平底的接触面间易形成油膜，润滑较好，常用于高速传动中

2．凸轮机构的应用特点

（1）优点

结构简单紧凑，工作可靠，设计适当的凸轮轮廓曲线可使从动件获得任意预期的运动规律。

（2）缺点

凸轮与从动件（杆或滚子）之间以点或线接触，不便于润滑，易磨损，只适用于传递动力不大的场合，如自动机械、仪表、控制机构和调节机构。

5.2.2　凸轮机构的工作过程及从动件的运动规律

凸轮机构中最常用的运动形式为凸轮做等速回转运动，从动件做往复移动。在凸轮机构中，凸轮轮廓形状决定从动件运动规律，而凸轮轮廓形状又是由使用要求决定的。要认识或设计凸轮机构，首先要从认识从动件的运动规律开始。下面介绍几种从动件常用运动规律并简单讨论从动运动规律的选择。

1．凸轮机构的工作过程

如图 5-15 所示为对心尖顶移动从动件盘形凸轮机构，其中以凸轮轮廓最小向径 r_0 为半径所作的圆称为基圆，r_0 称为基圆半径。在图示位置时，也是从动件离凸轮轴心最近的位置，其尖顶与凸轮在 A 点接触，当凸轮以等角速度 ω 逆时针方向转动时，从动件将依次与凸轮轮廓各点接触，从动件的位移 s 也将按照图 5-15 所示的曲线变化。

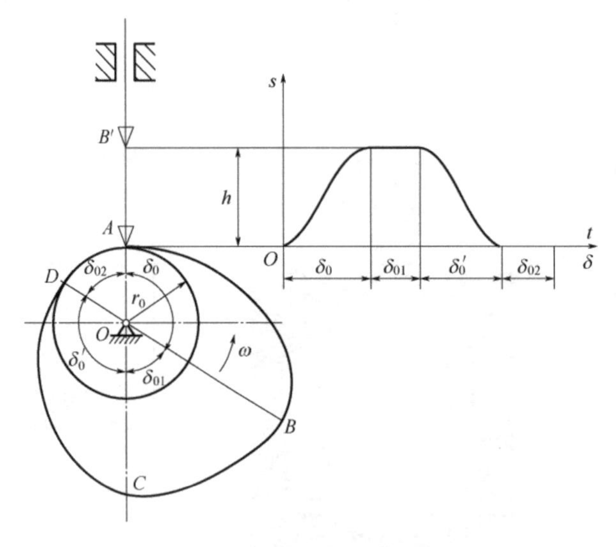

图 5-15　凸轮机构的工作过程

凸轮机构的工作过程及有关参数见表 5-6。

表 5-6　凸轮机构的工作过程及有关参数

名　称	定　义
基圆	以凸轮轮廓最小向径 r_0 为半径所作的圆
行程	从动件上升或下降的最大距离 h

续表

名 称	定 义
推程	从动件从离凸轮轴心最近位置被推到离凸轮轴心最远位置的过程
推程运动角	与推程对应的凸轮转角 δ_0
远停程	从动件在离凸轮轴心最远位置处静止不动的过程
远停程角	与远停程对应的凸轮转角 δ_{01}
回程	从动件沿向径渐减的凸轮轮廓下降到最低位置的过程
回程运动角	与回程对应的凸轮转角 δ_0'
近停程	从动件在离凸轮轴心最近位置处静止不动的过程
近停程角	与近停程对应的凸轮转角 δ_{02}

以凸轮转角 δ 为横坐标、从动件的位移为纵坐标，可用曲线将从动件在一个运动循环中的位移变化规律表示出来，如图 5-15 所示，该曲线称为从动件的位移线图。由于凸轮一般做等速运动，其转角与时间成正比，因此，该线图的横坐标也代表时间 t。根据位移线图，可以作出从动件的速度线图和从动件的加速度线图，它们统称从动件的运动线图。这些图所表达的变化规律称为从动件运动规律。

2. 从动件常用的运动规律

（1）等速运动规律（图 5-16）

从动件上升（或下降）速度为一常数的运动规律称为等速运动规律。从动件做等速运动时，会使凸轮机构产生强烈的刚性冲击，因此等速运动规律只适用于凸轮机构做低速回转、轻载的场合。

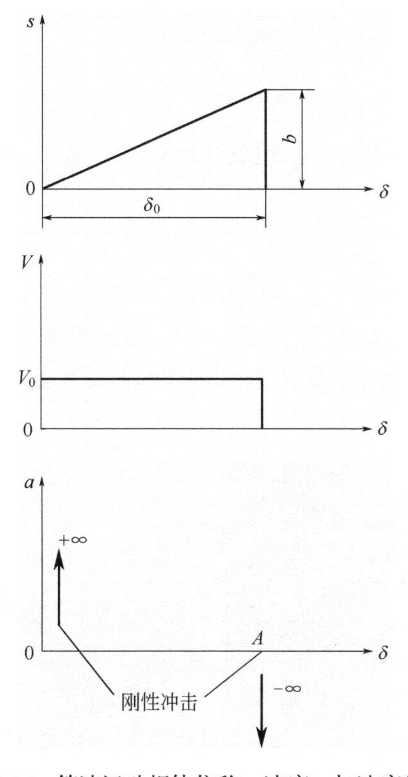

图 5-16 等速运动规律位移、速度、加速度线图

（2）等加速、等减速运动规律（以推程为例，如图 5-17 所示）

从动件在行程中先做等加速运动后做等减速运动的运动规律称为等加速、等减速运动规律。通常加速段和减速段的时间相等、位移相等，加速度的绝对值也相等。

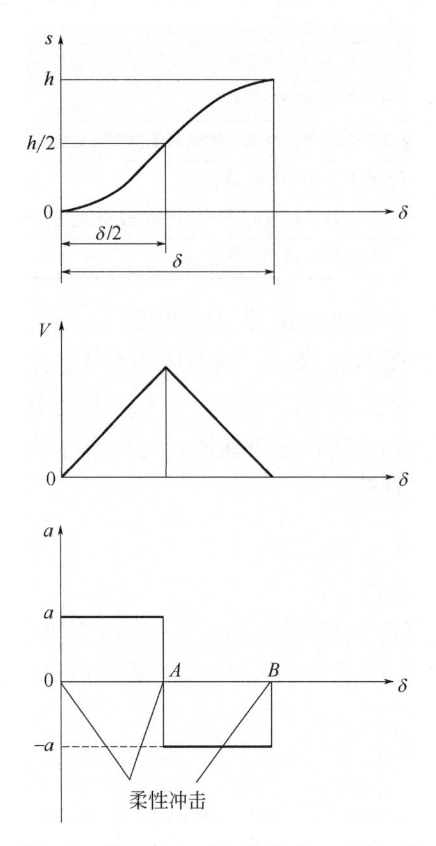

图 5-17　等加速、等减速运动规律位移、速度、加速度线图

5.3　间歇机构

在自动机械中，加工成品或输送工件时，为了在加工工位完成所需的加工过程，需要给工件提供一定时间的停歇，此时所采用的机构就是间歇机构，如电影放映机中的槽轮机构（图 5-18）。

图 5-18　电影放映机中的间歇机构

间歇机构是能够将主动件的连续运动转换成从动件的周期性运动或停歇的机构。常见的间歇机构类型有棘轮机构、槽轮机构等。

5.3.1 棘轮机构

1. 棘轮机构的工作原理

如图 5-19 所示为机械中常用的齿式棘轮机构。它由棘轮、棘爪和止回棘爪等组成。当主动摇杆逆时针方向摆动时，棘爪便插入棘轮的齿槽中，使棘轮跟着转过一定角度，此时止回棘爪在棘轮齿背上滑过；当主动摇杆顺时针方向转动时，止回棘爪阻止棘轮发生顺时针方向转动，而棘爪则只能在棘轮齿背上滑过，这时棘轮静止不动。因此，当主动件做连续的往复摆动时，棘轮做单向的间歇运动。

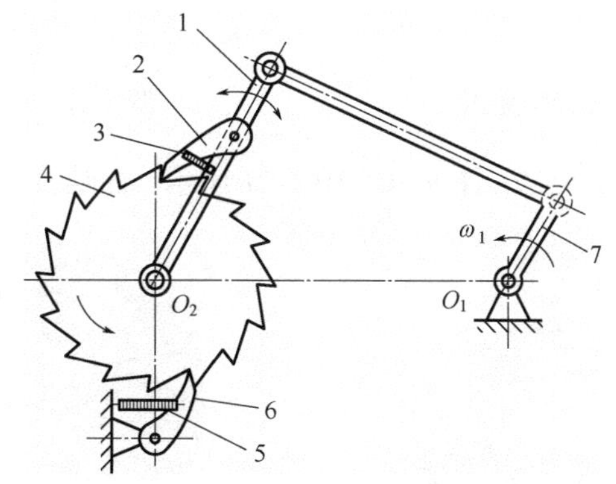

1—摇杆；2—棘爪；3—弹簧；4—棘轮；5—弹簧；6—止回棘爪；7—曲柄

图 5-19　电影放映机中的棘轮机构

2. 棘轮机构的分类

棘轮机构按其工作原理分：

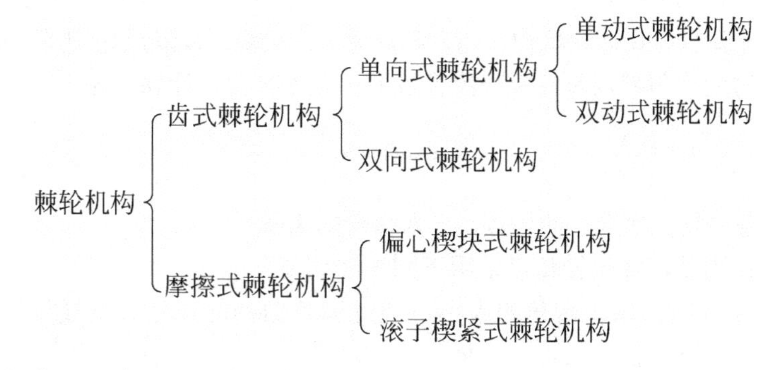

按其啮合方式可分为外啮合棘轮机构和内啮合棘轮机构。

（1）齿式棘轮机构

齿式棘轮机构主要利用棘爪与棘轮上的棘齿啮合与分离实现间歇。

单动式棘轮机构（图 5-19）有一个驱动棘爪，当主动件按某一个方向摆动时，才能推动棘轮转动。

双动式棘轮机构（如图 5-20）有两个驱动棘爪，当主动件做往复摆动时，两个棘爪交替带动棘轮沿同一方向做间歇运动。

双向式棘轮机构（图 5-21）可以改变棘轮的运动方向，通过转动上方的棘爪，可以使原来棘轮的运动方向逆转，使机构向反方向运转。

图 5-20　双动式棘轮机构

图 5-21　双向式棘轮机构

外啮合式棘轮机构如图 5-19，图 5-20，图 5-21 所示。内啮合式棘轮机构如图 5-22 所示。

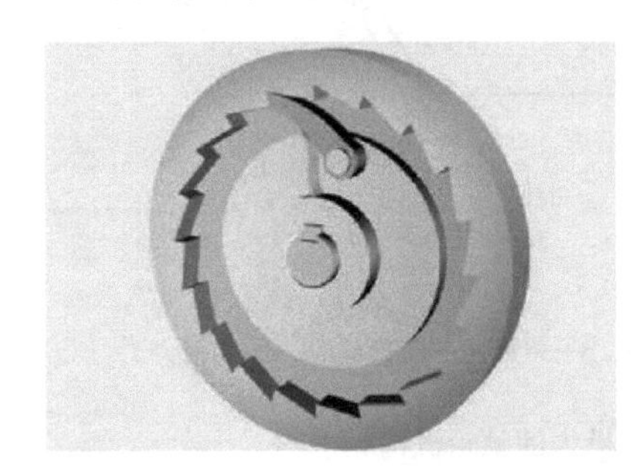

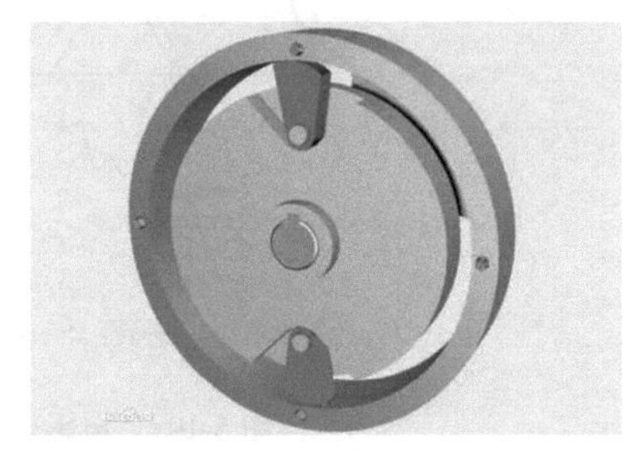

图 5-22　内啮合式棘轮机构

（2）齿式棘轮机构转角的调节

调节齿式棘轮机构的转角是为了在生产实践中满足棘轮转动时动与停的时间比要求。例如牛头刨床，通过调节齿式棘轮机构转角，可以调节进给量，以满足切削工件时的不同要求。

棘轮转角 θ 的大小与棘轮每往复一次推过的齿数 k 有关，计算式如下

$$\theta = 360^{\circ} \times \frac{k}{z}$$

式中，k 为棘爪每往复一次推过的齿数，z 为棘轮的齿数。

为了满足工作需要，棘轮转角可采用下列方法调节。

改变棘爪运动范围：棘轮转角的大小可通过调整曲柄的长度改变摇杆摆角的方法调节（图 5-23）。转动螺杆调整曲柄长度，则摇杆的摆动角度改变。曲柄长度增大，则摇杆的摆动角度增大，棘轮转角也相应增大；反之，棘轮转角相应减小。

利用覆盖罩：在摇杆摆角不变的前提下，转动覆盖罩，遮挡部分棘齿（图 5-24）。当摇杆带动棘爪逆时针摆动时，棘爪先在罩上滑动，然后才嵌入棘轮的齿槽中推动其运动，起到调节转角的作用。

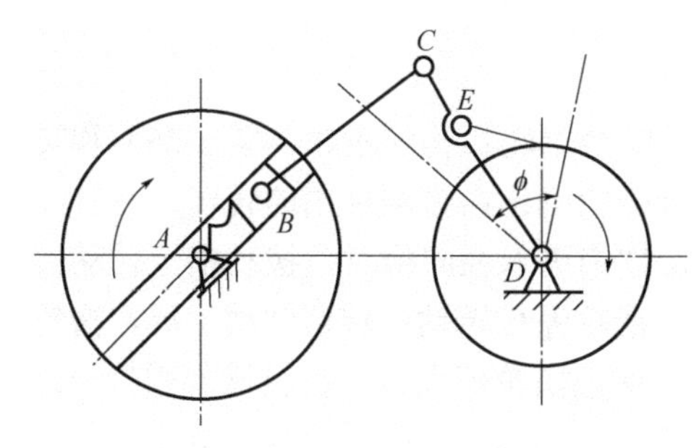

图 5-23　改变棘爪运动范围

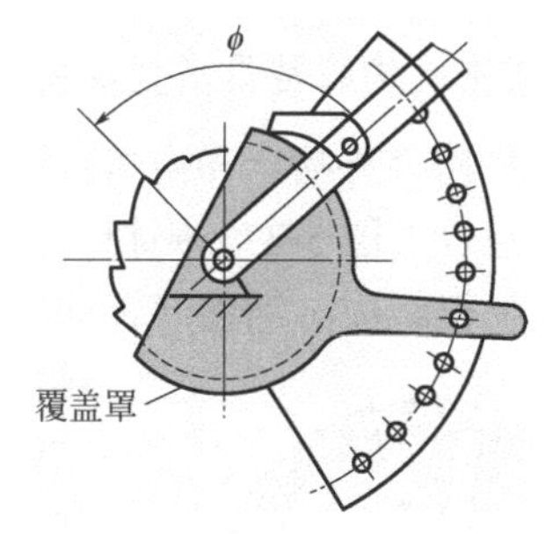

图 5-24　利用覆盖罩

3．摩擦式棘轮机构

如图 5-25 所示为结构最简单的摩擦式棘轮机构。它的传动与齿式棘轮机构相似，但它是靠偏心楔块和棘轮间的楔紧所产生的摩擦力来传递运动的。

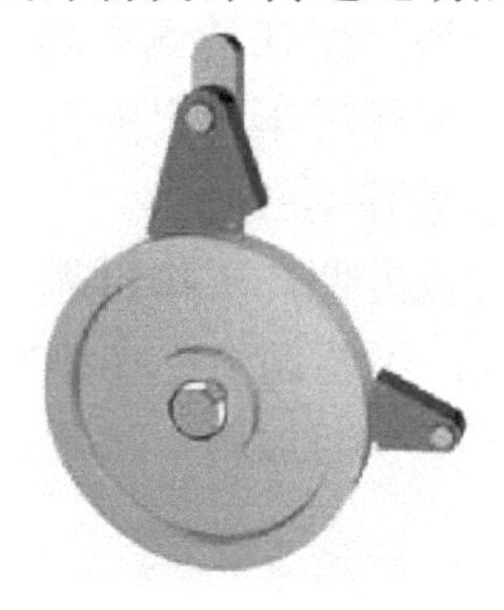

图 5-25　摩擦式棘轮机构

摩擦式棘轮机构的特点是转角大小的变化不受轮齿的限制，而齿式棘轮机构的转角变化是以棘轮的轮齿为单位的。因此，摩擦式棘轮机构在一定范围内可任意调节转角，传动噪声小，但在传递较大载荷时易产生滑动。

5.3.2　槽轮机构

1．槽轮机构的组成和工作原理

如图 5-26 所示，槽轮机构主要由圆销、拨盘、槽轮组成。当主动件拨盘转动时，圆销由图 5-26（a）所示位置进入槽轮的槽中，拨动槽轮转动，然后在图 5-26（b）所示位置脱离槽轮，槽轮因其凹弧被拨盘的凸弧锁住而静止。

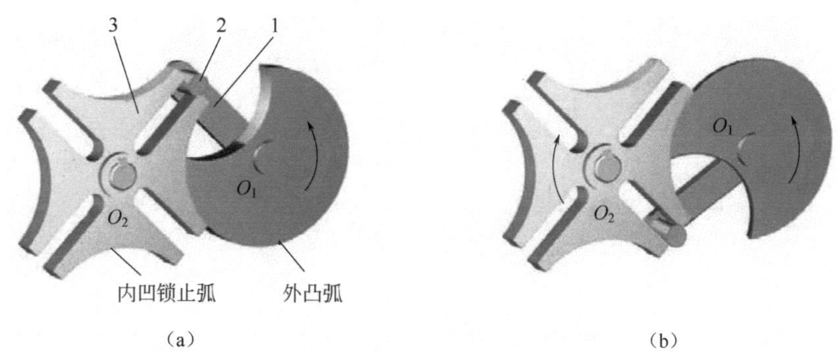

（a）　　　　（b）

1—拨盘；2—圆销；3—槽轮

图 5-26　槽轮机构工作原理

2. 槽轮机构的常见类型及特点

槽轮机构有外啮合和内啮合两种形式。外啮合槽轮机构的槽轮（图 5-26）和转臂转向相反，而内啮合（图 5-27）则相同。单臂外啮合槽轮机构由带圆柱销的转臂、具有 4 条径向槽的槽轮和机架组成。当连续转动的转臂上的圆柱销进入径向槽时，拨动槽轮转动；当圆柱销转出径向槽后，槽轮停止转动。转臂转动一周，槽轮完成一次转停运动。为了保证槽轮停歇，可在转臂上固接一缺口圆盘，其圆周边与槽轮上的凹周边相配。这样，既不影响转臂转动，又能锁住槽轮不动。为了使槽轮能完成周期性的转停运动，槽轮上的径向槽数不能少于 3。为了避免冲击，圆柱销应切向进、出槽轮，即径向槽与转臂在此瞬间位置要互相垂直。在满足不同间歇的要求时，可采用多臂的和非对称槽的槽轮机构。槽轮机构一般应用在转速不高、要求间歇地转过一定角度的分度装置中，如转塔车床上的刀具转位机构。它还常在电影放映机中用以间歇移动胶片等。

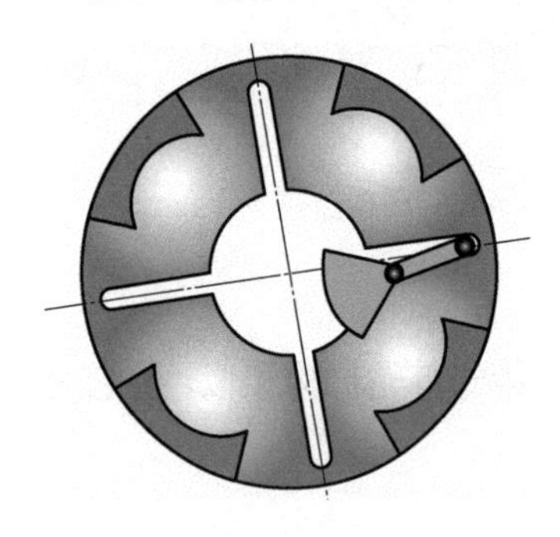

图 5-27　内啮合槽轮机构

槽轮机构的特点：结构简单，转位方便，工作可靠，传动平稳性好，能准确控制槽轮转角。但转角的大小受到槽数 z 的限制，不能调节；在槽轮转动的始末位置处机构存在冲击现象，且随着转速的增加或槽轮槽数的减少而加剧，故不适于高速转动场合。

第 6 章 轴系零部件

6.1 轴

轴在人们的生产、生活中到处可见，如减速器中的转轴、自行车中的轮轴、汽车中的传动轴以及内燃机中的曲轴等（图 6-1）。

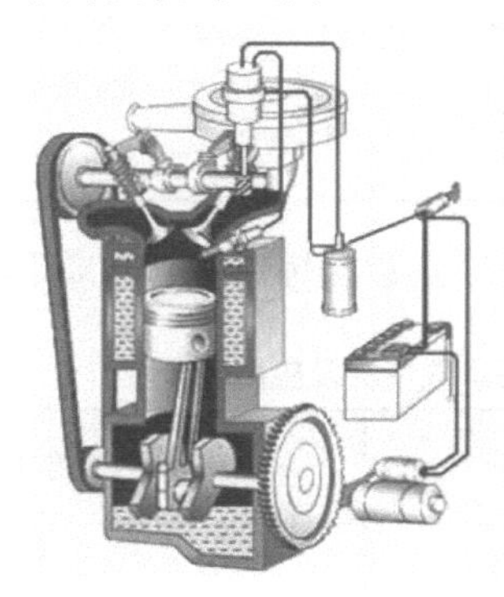

图 6-1 轴

6.1.1 轴的用途及分类

轴是机器中最基本、最重要的零件之一。它的主要功用是支承回转零件（如齿轮、带轮等）、传递运动和动力。

对轴的一般要求是具有足够的强度、合理的结构和良好的工艺性。根据轴线形状的不同，轴可分为直轴、曲轴和挠性钢丝软轴（简称挠性轴），见表 6-1。

表 6-1 轴的主要类型及应用特点

轴的类型		外形图	应用特点
直轴	光轴		光轴形状简单，加工容易，应力集中源较少；轴上零件不易装配及定位，如自行车心轴、车床光杠等

续表

轴的类型		外形图	应用特点
直轴	阶梯轴		阶梯轴加工复杂，应力集中源较多，容易实现轴上零件装配及定位。如减速器中的轴等
曲轴			曲轴常用于将回转运动转变为直线往复运动或将直线往复运动转变为回转运动，主要用于各类发动机中，如内燃机、活塞泵及冲床中的轴等
挠性钢丝软轴			挠性轴由几层紧贴在一起的钢丝构成，可以把回转运动灵活地传递到任何位置，适用于连续振动的场合，具有缓和冲击的作用。常用于医疗器械和电动手持小型机具（如铰孔机、刮削机）中

根据承载情况的不同，直轴又可分为心轴、传动轴和转轴三类，其应用特点见表 6-2。

表 6-2　心轴、传动轴和转轴的承载情况及应用特点

类型		举例	应用特点
心轴	转动心轴	转动心轴	工作时只承受弯矩，起支承作用
	固定心轴	固定心轴　前轮轮毂　前叉	工作时只承受弯矩，起支承作用

续表

类　型	举　例	应用特点
传动轴	传动轴	工作时只承受扭矩，不承受弯矩或承受很小的弯矩，仅起传递动力作用
转轴	轴头 端轴颈 轴头 中轴颈 轴身	工作时既承受扭矩，又承受弯矩，既起支承作用又起传递动力作用，是机器中最常用的一种轴

6.1.2 转轴的结构

1．轴的结构要求

在考虑轴的结构时，应满足以下三个方面的要求。

① 轴上零件要有可靠的轴向固定和周向固定。

② 轴应便于加工和尽量避免或减小应力集中。

③ 应便于轴上零件的安装与拆卸。

轴上各段按作用可分别称为轴头、轴颈和轴身（图 6-2）。轴和旋转零件（如带轮、齿轮）配合的部分称为轴头，轴和轴承配合的部分称为轴颈，连接轴头与轴颈的部分称为轴身，轴上截面尺寸变化的部分称为轴肩或轴环。

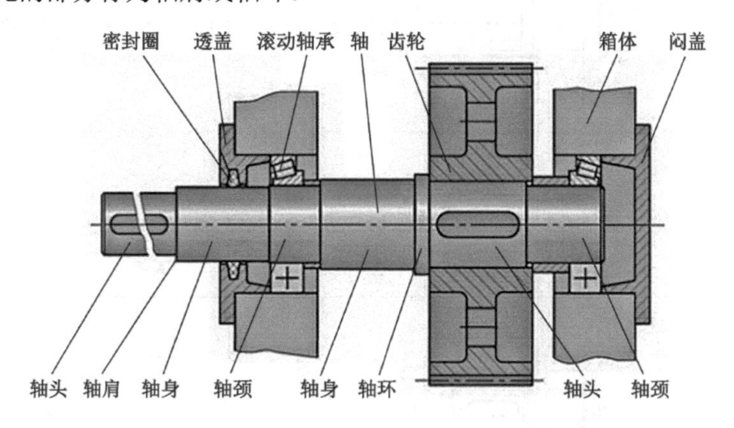

图 6-2　转轴的结构

2. 轴上零件的固定

（1）轴上零件的轴向固定

轴上零件轴向固定的目的是为了保证零件在轴上有确定的轴向位置，防止零件做轴向移动，并能承受轴向力。常用的轴向固定方法及应用见表 6-3。

表 6-3　轴上零件的轴向固定方法及应用

类　型	固定方法及简图	结构特点及应用
圆螺母	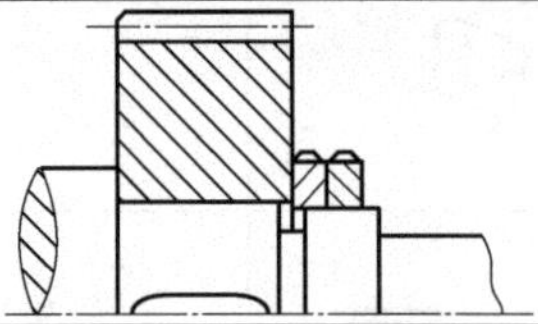	固定可靠、装拆方便，可承受较大的轴向力，能调整轴上零件之间的间隙。为防止松脱，必须加止动垫圈或使用双螺母。由于在轴上切制了螺纹，使轴的强度降低。常用于轴上零件距离较大处及轴端零件的固定
轴肩与轴环	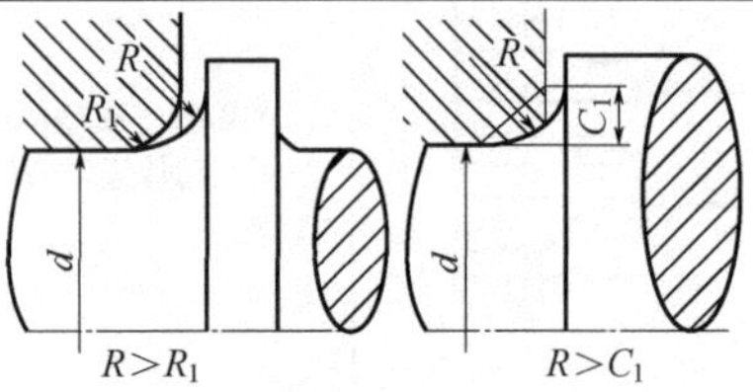 R R₁ d $R>R_1$　R C_1 d $R>C_1$	应使轴肩、轴环的过渡圆角半径 R_1 小于轴上零件孔端的圆角半径 R 或倒角 C_1，这样才能使轴上零件的端面紧靠定位面。结构简单，定位可靠，广泛应用于各种轴上零件的定位
套筒	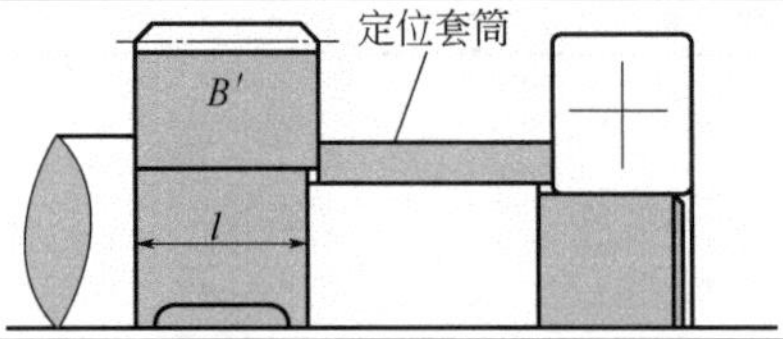 定位套筒 B′ l	结构简单，定位可靠，常用于轴上零件间距离较短的场合，当轴的转速很高时不宜采用
轴端挡圈	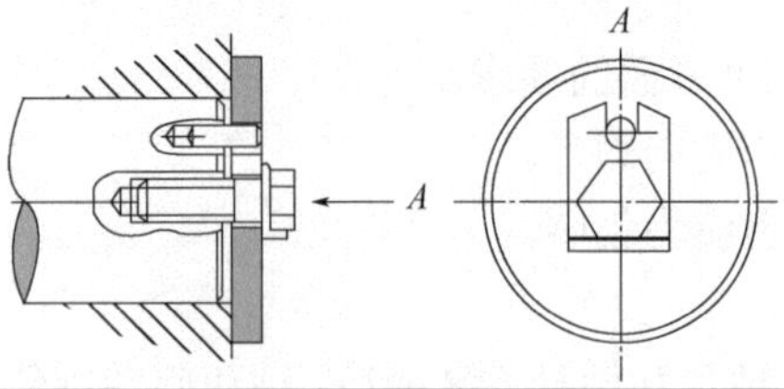 A A	工作可靠，结构简单，可承受剧烈振动和冲击载荷。使用时，应采取止动垫片、防转螺钉等防松措施
弹性挡圈	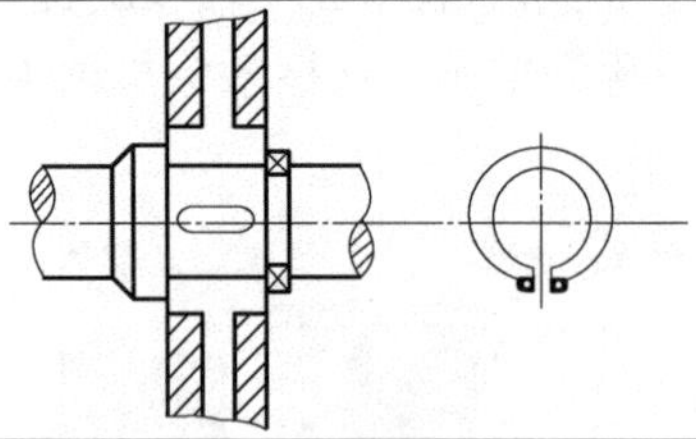	结构简单紧凑，装拆方便，只能承受很小的轴向力，需要在轴上切槽，这将引起应力集中，常用于滚动轴承的固定
紧定螺钉	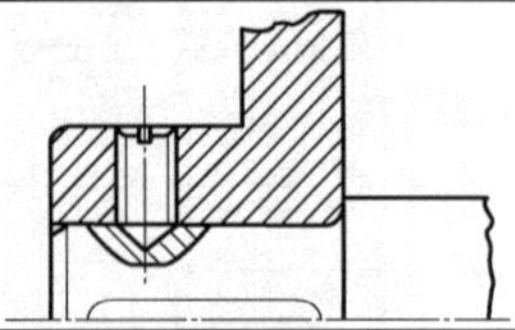	结构简单，同时起周向固定作用，但承载能力较低，不适用于高速场合
锥面固定	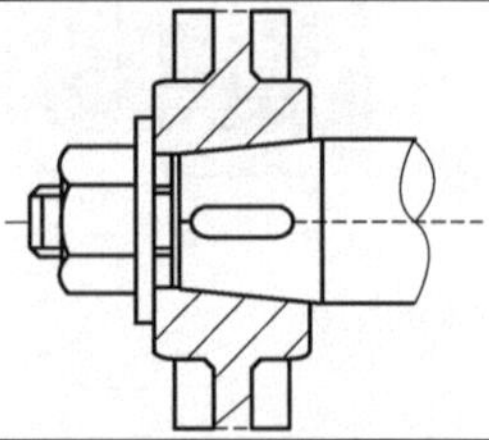	能消除轴与轮毂间的径向间隙，装拆方便，可兼做周向固定，常与轴端挡圈联合使用，实现零件的双向轴向

（2）轴上零件的周向固定

轴上零件周向固定的目的是为了保证轴能可靠地传递运动和转矩，防止轴上零件与轴产生相对转动。常用的周向固定方法及应用见表 6-4。

表 6-4　轴上零件的周向固定方法及应用

类　型	固定方法及简图	结构特点及应用
平键连接	留有间隙 轴 轮毂	加工容易，装拆方便，但轴向不能固定，不能承受轴向力
花键连接		具有接触面积大，承载能力强，对中性和导向性好等特点，适用于载荷较大，定心要求高的静、动连接。加工复杂、成本高
销钉连接		轴向、周向都可以固定，常用作安全装置，过载时可被剪断，防止损坏其他零件。不能承受较大载荷，对轴强度有削弱
过盈配合	α $\frac{H7}{r6}$	同时有轴向和周向作用，对中精度高，选择不同的配合有不同的连接强度。不适用于重载和经常装拆的场合

3. 轴上常见的工艺结构

轴的结构工艺性是指轴的结构形式应便于加工、便于轴上零件的装配和使用维修，且提高生产效率、降低成本。一般来说，轴的结构越简单，工艺性越好。所以，在满足使用要求的前提下，轴的结构形式应尽量简化。

6.2 键与销

轴与轴上零件的连接是为了传递转矩或实现轴上定位与固定。轴与轴上零件连接的形式较多，其中以键、销连接为主。

6.2.1 键连接

键连接（图 6-3）通过键实现轴和轴上零件间的周向固定以传递运动和转矩。其中，有些类型还可以实现轴向固定和传递轴向力，有些类型能实现轴向动连接。

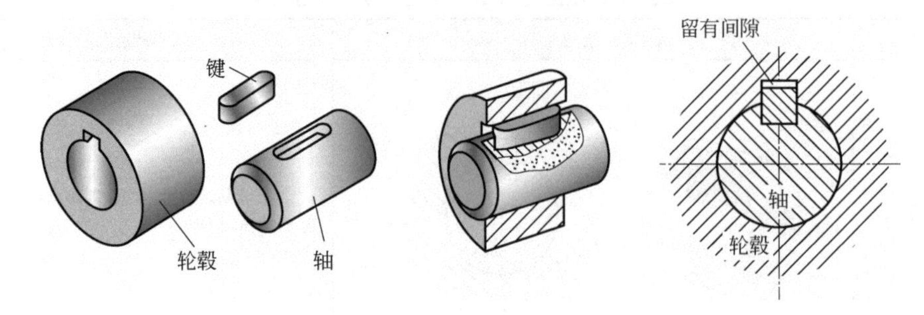

图 6-3 键连接示意图

1. 键连接的类型及应用

键连接装配中，键（一般用 45 号钢制成）是用来连接轴上零件并对它们起周向固定作用，以传递扭矩的一种机械零件。根据构造和工作原理的不同，一般有较松键连接、一般键连接和较紧键连接。

按用途不同键连接可分为平键连接、半圆键连接、楔键连接、花键连接和切向键连接。

（1）平键连接

平键按用途分有三种：普通平键、导向平键和滑键。平键的两侧面为工作面，平键连接靠键和键槽侧面挤压传递转矩，键的上表面和轮毂槽底之间留有间隙（图 6-3）。平键连接具有结构简单、装拆方便、对中性好等优点，因而应用广泛。

① 普通平键连接。

普通平键用于轮毂与轴间无相对滑动的静连接。按键的端部形状不同分为 A 型（圆头）、B 型（方头）、C 型（单圆头）三种（图 6-4）。A 型普通平键的轴上键槽用指状铣刀在立式铣床上铣出，槽的形状与键相同，键在槽中固定良好，工作时不松动，但轴上键槽端部应力集中较大。B 型普通平键轴槽用盘状铣刀在卧式铣床上加工，轴的应力集中较小，但键在轴槽中易松动，故对尺寸较大的键，宜用紧定螺钉将键压在轴槽底部，C 型普通平键常用于轴端的连接。

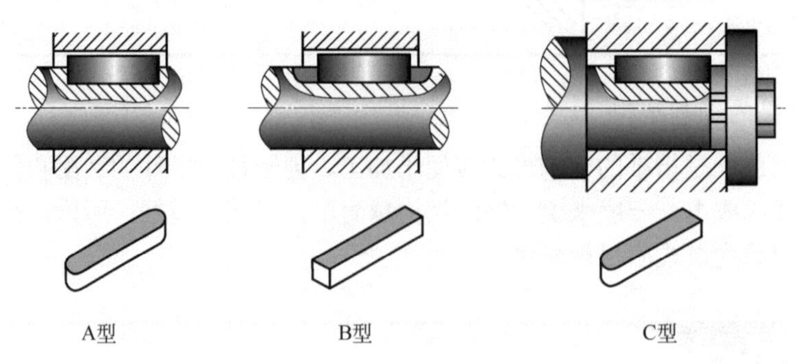

图 6-4 普通平键连接

② 导向平键和滑键。

导向平键和滑键（图 6-5）均用于轮毂与轴间需要有相对滑动的动连接。导向平键用螺钉固定在轴上的键槽中，轮毂沿键的侧面做轴向滑动。滑键则是将键固定在轮毂上，随轮毂一起沿轴槽移动。导向平键用于轮毂沿轴向移动距离较小的场合，当轮毂的轴向移动距离较大时宜采用滑键连接。

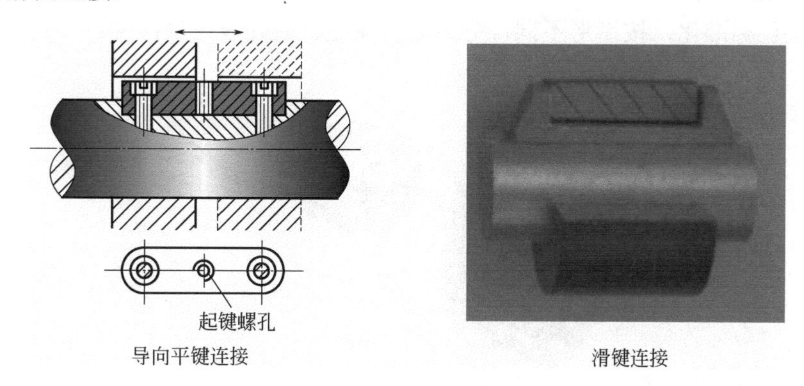

图 6-5 平键连接类型

（2）半圆键连接

半圆键连接的工作原理与平键连接相同。轴上键槽用与半圆键半径相同的盘状铣刀铣出，因此半圆键在槽中可绕其几何中心摆动以适应轮毂槽底面的斜度（图 6-6）。半圆键连接的结构简单，制造和装拆方便，但由于轴上键槽较深，对轴的强度削弱较大，故一般多用于轻载连接，尤其是锥形轴端与轮毂的连接中。

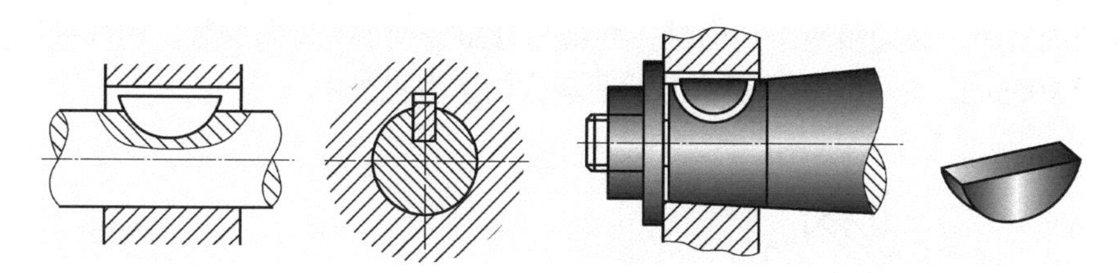

图 6-6 半圆键连接示意图

（3）楔键连接

楔键的上下表面是工作面，键的上表面和轮毂键槽底面均具有 1∶100 的斜度。装配后，键楔紧于轴槽和毂槽之间。工作时，靠键、轴、毂之间的摩擦力及键受到的偏压来传递转矩，同时能承受单方向的轴向载荷，如图 6-7 所示。

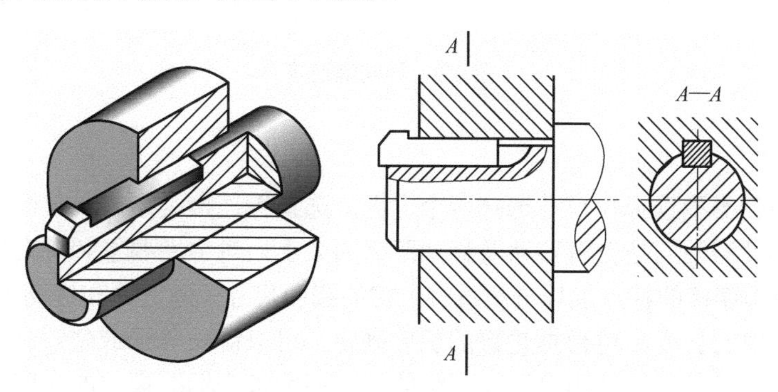

图 6-7 楔键连接

（4）花键连接

花键连接由轴和轮毂孔上的多个键齿和键槽组成，如图 6-8 所示。键齿侧面是工作面，靠键齿侧面的挤压来传递转矩。花键连接具有较高的承载能力，定心精度高，导向性能好，可实现静连接或动连接。因此，在飞机、汽车、拖拉机、机床和农业机械中得到广泛的应用。

花键连接已标准化，按齿形不同，分为矩形花键、渐开线花键两种。

图 6-8　花键连接

（5）切向键连接

切向键由两个斜度为 1∶100 的普通楔键组成（图 6-9）。装配时两个楔键分别从轮毂一端打入，使其两个斜面相对，共同楔紧在轴与轮毂的键槽内。其上、下两面（窄面）为工作面，其中一个工作面在通过轴心线的平面内，工作时工作面上的挤压力沿轴的切线作用。因此，切向键连接的工作原理是靠工作面的挤压来传递转矩的。一个切向键只能传递单向转矩，若要传递双向转矩，必须用两个切向键，并错开 120°～135° 反向安装。切向键连接主要用于轴径大于 100mm，对中性要求不高且载荷较大的重型机械中。

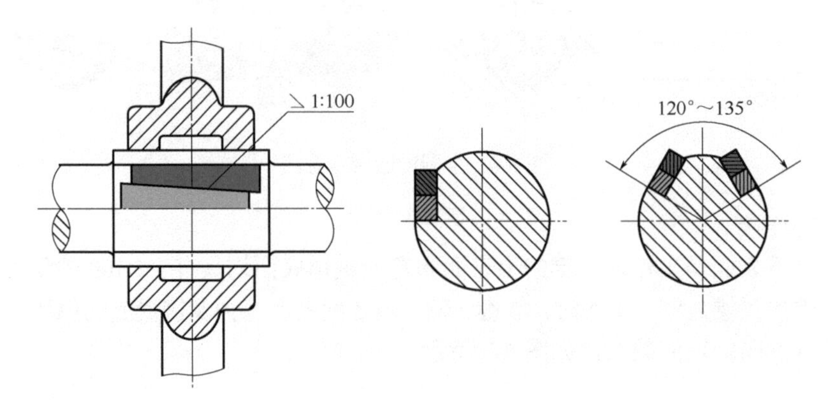

图 6-9　切向键连接

2. 键的选择

键的选择包括类型选择和尺寸选择两个方面。选择键连接类型时，一般须考虑传递转矩的大小，轴上零件沿轴向是否有移动及移动距离的大小，对中性要求和键在轴上的位置等因素，并结合各种键连接的特点加以分析选择。键的截面尺寸（键宽 b 和键高 h）按轴的直径 d 由标准中选定；键的长度 L 可根据轮毂的长度确定，可取键长等于或略短于轮毂的宽度；导向平键应按轮毂的长度及滑动距离而定。键的长度还须符合标准规定的长度系列。

6.2.2 销连接

销连接的主要作用是用来保证零件间的相互准确位置，也用于轴与轮毂以及轴上的零件，传递不大的载荷，还可以作为安全装置中的过载剪断零件。

销是一种标准件，一般采用抗拉强度在 500～600MPa 的中碳钢制成。销的形式有很多，基本类型有圆柱销和圆锥销两种（图 6-10），销的具体参数已经标准化。

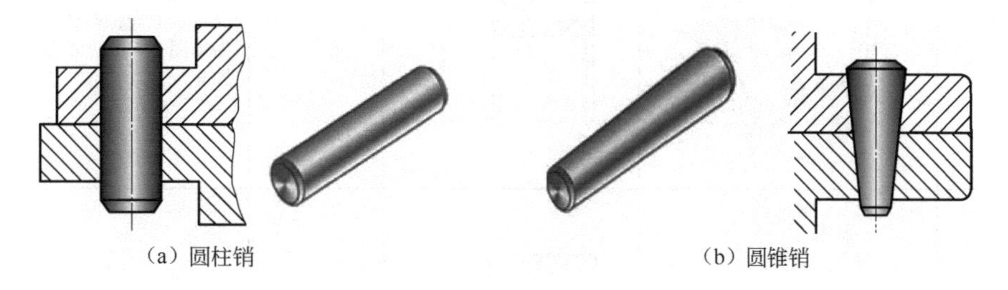

（a）圆柱销　　（b）圆锥销

图 6-10　圆柱销和圆锥销

6.3 轴承

在机器中，轴承的作用是支承传动的轴及轴上零件，并保证轴的正常工作位置和旋转精度，轴承性能的好坏直接影响机器的使用性能。所以，轴承是机器的重要组成部分。

根据摩擦性质不同，轴承可分为滚动轴承和滑动轴承两类。

6.3.1 滚动轴承

1. 滚动轴承的结构

如图 6-11 所示，滚动轴承一般由内圈、外圈、滚动体和保持架组成。一般情况下，内圈装在轴颈上，与轴一起转动；外圈装在机座的轴承孔内固定不动。内、外圈上设置有滚道，当内、外圈相对旋转时，滚动体沿着滚道滚动。常见滚动体有球状的滚子、圆柱滚子、圆锥滚子、球面滚子、滚针等。

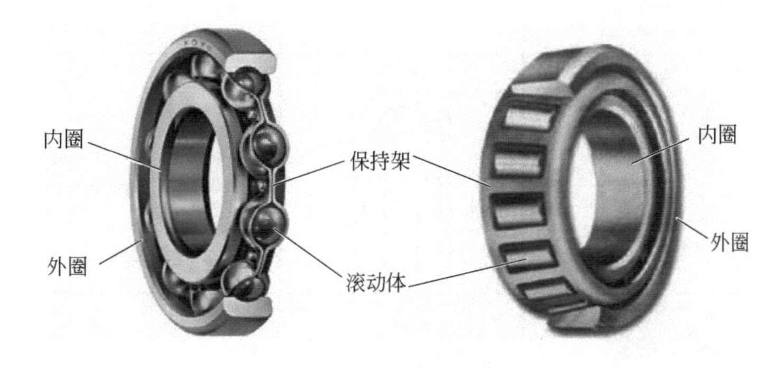

图 6-11　滚动轴承的结构

2. 滚动轴承的类型

为了满足各种不同的工况条件要求，滚动轴承有多种不同的类型。常用滚动轴承的类型和特性见表 6-5。

表 6-5　常用滚动轴承的类型和特性

<table>
<tr><th colspan="2">轴承名称</th><th>结 构 图</th><th>简图及承载方向</th><th>类型代号</th><th>基 本 特 性</th></tr>
<tr><td colspan="2">调心球轴承</td><td>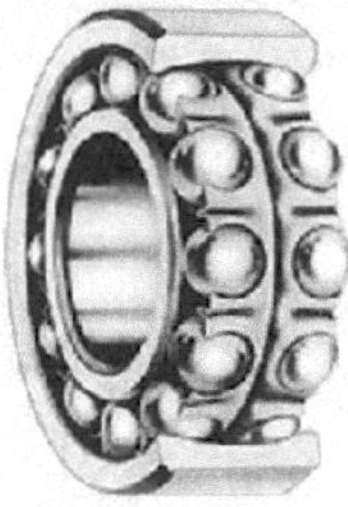</td><td>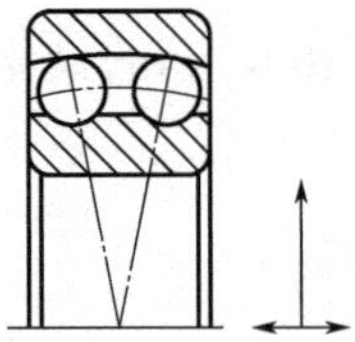</td><td>1</td><td>主要承受径向载荷，同时可承受少量双向轴向载荷。外圈内滚道为球面，能自动调心，允许角偏差为 2°～3°</td></tr>
<tr><td colspan="2">推力调心滚子轴承</td><td></td><td>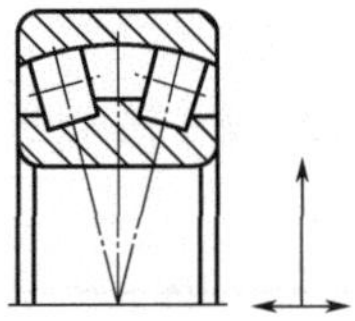</td><td>2</td><td>主要承受径向载荷，同时可承受少量双向轴向载荷。其承载能力比调心球轴承大；具有自动调心性能，允许角偏差为 1°～2.5°，适用于重载和冲击载荷的场合</td></tr>
<tr><td colspan="2">圆锥滚子轴承</td><td></td><td>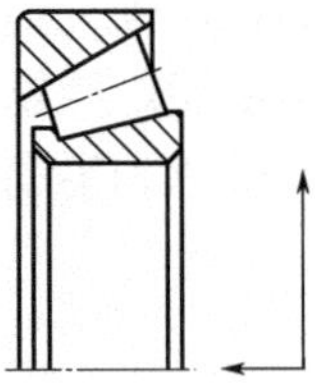</td><td>3</td><td>能同时承受较大的径向载荷和轴向载荷。内、外圈可分离，通常成对使用，对称布置安装</td></tr>
<tr><td colspan="2">双列深沟球轴承</td><td>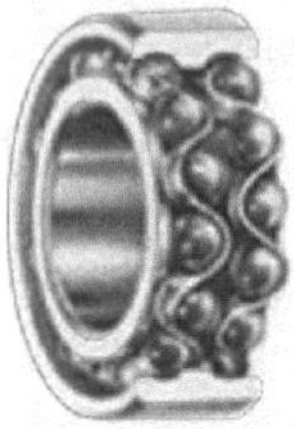</td><td>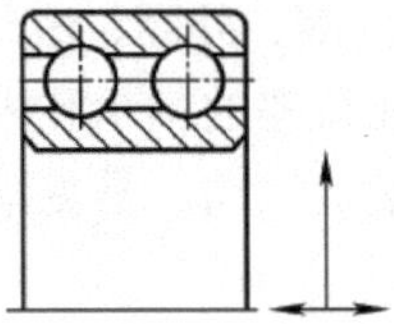</td><td>4</td><td>主要承受径向载荷，也可承受一定的双向轴向载荷。它比深沟球轴承的承载能力大</td></tr>
<tr><td rowspan="2">推力球轴承</td><td>单向</td><td></td><td>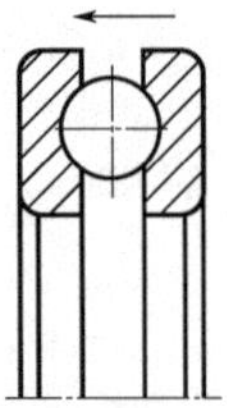</td><td>5
（5100）</td><td>只能承受单向轴向载荷，适用于轴向载荷大而转速不高的场合</td></tr>
<tr><td>双向</td><td></td><td>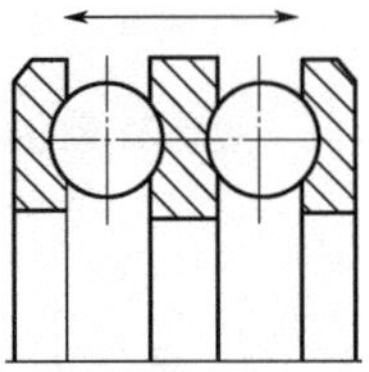</td><td>5
（5200）</td><td>可承受双向轴向载荷，用于轴向载荷大、转速不高的场合</td></tr>
</table>

续表

轴承名称	结构图	简图及承载方向	类型代号	基本特性
深沟球轴承			6	主要承受径向载荷，也可同时承受少量双向轴向载荷。摩擦阻力小，极限转速高，结构简单，价格便宜，应用最广泛
角接触球轴承			7	能同时承受径向载荷和轴向载荷，公称接触角有 15°、25°、40°三种，接触角越大，承受轴向载荷的能力也越大。适用于转速较高，同时承受径向载荷和轴向载荷的场合
推力圆柱滚子轴承			8	能承受较大的单向轴向载荷，承受能力比推力球轴承大得多，不允许有角偏差
圆柱滚子轴承			N	外圈无挡边，只能承受纯径向载荷，与球轴承相比，承受载荷的能力较大，尤其是承受冲击载荷的能力，但极限转速较低

3. 滚动轴承的代号

滚动轴承的类型很多，同一类型的轴承又有各种不同的结构、尺寸、公差等级和技术性能等。为了完整地反映滚动轴承的外形尺寸、结构及性能参数，国家标准在轴承代号中规定了各个相应的项目，其具体内容见表 6-6。

表 6-6　滚动轴承的代号

<table>
<tr><td rowspan="2">前置代号</td><td colspan="5">基本代号</td><td colspan="8">后置代号</td></tr>
<tr><td>五</td><td>四</td><td>三</td><td>二</td><td>一</td><td>1</td><td>2</td><td>3</td><td>4</td><td>5</td><td>6</td><td>7</td><td>8</td></tr>
<tr><td rowspan="3">成套轴承分部件代号</td><td rowspan="2">轴承类型代号</td><td colspan="2">尺寸系列代号</td><td colspan="2" rowspan="3">内径代号</td><td rowspan="3">内部结构代号</td><td rowspan="3">密封、防尘与外部形状变化代号</td><td rowspan="3">保持架及其材料代号</td><td rowspan="3">轴承材料代号</td><td rowspan="3">公差等级代号</td><td rowspan="3">游隙代号</td><td rowspan="3">配置代号</td><td rowspan="3">其他代号</td></tr>
<tr><td>宽（高）度系列代号</td><td>直径系列代号</td></tr>
<tr><td colspan="3">组合代号</td></tr>
</table>

滚动轴承代号由前置代号、基本代号和后置代号三部分构成，其中基本代号是滚动轴承代号的核心。

（1）基本代号

基本代号表示轴承的基本类型、结构和尺寸，一般由轴承类型代号、尺寸系列代号和内径代号组成。

① 轴承类型代号。轴承类型代号用数字或字母表示，具体见表6-7。

表6-7 轴承类型代号

类型代号	轴承类型	类型代号	轴承类型
0	双列角接触球轴承	6	深沟球轴承
1	调心球轴承	7	角接触球轴承
2	调心滚子轴承或推力调心滚子轴承	8	推力圆柱滚子轴承
3	圆锥滚子轴承	N	圆柱滚子轴承
4	双列深沟球轴承	U	外球面球轴承
5	推力球轴承	QJ	四点接触球轴承

② 尺寸系列代号。尺寸系列代号由两位数字组成，前一位数字为宽（高）度系列代号，后一位数字为直径系列代号。

宽（高）度系列代号：表示内、外径相同而宽（高）度不同的轴承系列。对于向心轴承用宽度系列代号，代号有8、0、1、2、3、4、5和6，宽度尺寸依次递增；对于推力轴承用高度系列代号，代号有7、9、1和2，高度尺寸依次递增。

直径系列代号：表示内径相同而具有不同外径的轴承系列。代号有7、8、9、0、1、2、3、4和5，其外径尺寸按序由小到大排列。

【注意】在轴承代号中，轴承类型代号和尺寸系列代号以组合代号的形式表达。在组合代号中，轴承类型代号“0”省略不表示；除3类轴承外，尺寸系列代号中的宽度系列代号“0”省略不表示。组合代号中的其他特例参照有关标准。

内径代号：一般由两位数字表示，并紧接在尺寸系列代号之后注写。内径$d\geqslant$10mm的滚动轴承内径代号见表6-8。

表6-8 内径$d\geqslant$10mm的滚动轴承内径代号

内径代号（两位数）	00	01	02	03	04～96
轴承内径（mm）	10	12	15	17	代号×5

注：内径为22、28、32以及≥500mm的轴承，内径代号直接用内径毫米数表示，但标注时与尺寸系列代号之间要用“/”分开。例如深沟球轴承62/22的内径$d=22$mm。

（2）前置代号和后置代号

前置代号和后置代号是轴承代号的补充，只有在轴承的结构形状、尺寸、公差、技术要求等有所改变时才使用，一般情况下可部分或全部省略，详细内容请查看“机械设计手册”中的相关内容。这里解释一下公差等级代号和游隙代号。

① 公差等级代号。滚动轴承的公差等级分为六级，其代号用“/P + 数字”表示，数字代表公差等级，见表6-9。

表6-9 公差等级代号

代号	/P0	/P6	/P6x	/P5	/P4	/P2
公差等级	0级	6级	6x级	5级	4级	2级
说明	普通精度，在轴承中大多省略不表示	精度高于0级	精度高于0级，仅适用于圆锥滚子轴承	精度高于6级、6x级	精度高于5级	精度高于4级

② 游隙代号。游隙是指轴承内、外圈之间的相对极限移动量，游隙代号用“/C+数字”表示，数字代表游隙组号。游隙组有 1、2、0、3、4、5 六组，游隙量按序由小到大排列。其中游隙 0 组为基本游隙，“/C0”在轴承代号中省略不表示。

（3）滚动轴承代号示例

如：23224

2——类型代号，调心滚子轴承；

32——尺寸系列代号，其中宽度系列为 3，直径系列为 2；

24——内径代号，d=120mm。

4. 滚动轴承的拆装与润滑

（1）轴承的拆装

轴承安装前应清洗干净，安装时，应使用专用工具将辅承平直均匀地压入，不要用手锤敲击，特别禁止直接在轴承上敲击。当轴承座圈与座孔配合松动时，应当修复座孔或更换轴承，不要采用在轴承配合表面上打麻点或垫铜皮的方法勉强使用。轴承拆卸时应使用合适的拉器将轴承拉出，不要用凿子、手锤等敲击轴承。

（2）轴承的润滑

滚动轴承常用的润滑剂有润滑油和润滑脂两种。当轴的圆周速度小于 4～5m/s 时，或不能使用润滑油润滑的部位，都采用润滑脂润滑。润滑脂润滑的优点是密封结构简单，润滑脂不易流失，受温度影响不大，加一次润滑脂可以使用较长的时间。使用润滑脂要注意两个问题，一是要按说明书的要求，选用合适牌号的润滑脂。例如，汽车水泵轴承就不宜选用纳基润滑脂，因其耐水性较差。二是加入轴承中的润滑脂要适量，一般只充填轴承空腔的 1/2～l/3 为宜，过多不但无用，还会增加轴承的运转阻力，使之升温。润滑油润滑的优点是摩擦阻力小，并能散热，主要用于高速和工作环境温度较高的轴承。润滑油的牌号要按说明书的要求选用，并按保养周期及时更换，放出旧油后要对机构进行清洗后再加新油，加油应加到规定的标线，或与加油口平齐（视具体结构、要求而定），不可多加。

6.3.2 滑动轴承

1. 滑动轴承概述

滑动轴承（图 6-12）即在滑动摩擦下工作的轴承。滑动轴承工作平稳、可靠、无噪声。在液体润滑条件下，滑动表面被润滑油分开而不发生直接接触，还可以大大减小摩擦损失和表面磨损，油膜还具有一定的吸振能力。但启动摩擦阻力较大。轴被轴承支承的部分称为轴颈，与轴颈相配的零件称为轴瓦。为了改善轴瓦表面的摩擦性质而在其内表面上浇铸的减摩材料层称为轴承衬。轴瓦和轴承衬的材料统称为滑动轴承材料。滑动轴承一般应用在低速重载工况条件下，或者是维护保养及加注润滑油困难的运转部位。

图 6-12 滑动轴承

2. 滑动轴承的分类

① 按能承受载荷的方向可分为径向（向心）滑动轴承和推力（轴向）滑动轴承两类。

② 按润滑剂种类可分为油润滑轴承、脂润滑轴承、水润滑轴承、气体轴承、固体润滑轴承、磁流体轴承和电磁轴承 7 类。

③ 按润滑膜厚度可分为薄膜润滑轴承和厚膜润滑轴承两类。

④ 按轴瓦材料可分为青铜轴承、铸铁轴承、塑料轴承、宝石轴承、粉末冶金轴承、自润滑轴承和含油轴承等。

⑤ 按轴瓦结构可分为圆轴承、椭圆轴承、三油叶轴承、阶梯面轴承、可倾瓦轴承和箔轴承等。

3. 滑动轴承的轴瓦

轴瓦分为剖分式和整体式结构。为了改善轴瓦表面的摩擦性质，常在其内径面上浇铸一层或两层减摩材料，通常称为轴承衬，所以轴瓦又分为双金属轴瓦和三金属轴瓦。

轴瓦或轴承衬是滑动轴承的重要零件，轴瓦和轴承衬的材料统称轴承材料。由于轴瓦或轴承衬与轴颈直接接触，一般轴颈部分比较耐磨，因此轴瓦的主要失效形式是磨损。

轴瓦的磨损与轴颈的材料、轴瓦自身材料、润滑剂和润滑状态直接相关，选择轴瓦材料应综合考虑这些因素，以提高滑动轴承的使用寿命和工作性能。

4. 滑动轴承的维护和保养

滑动轴承在工作时由于轴颈与轴瓦的接触会产生摩擦，导致表面发热、磨损甚而“咬死”，所以在设计轴承时，应选用减摩性好的滑动轴承材料制造轴瓦，选用合适的润滑剂并采用合适的供应方法，改善轴承的结构以获得厚膜润滑等。

6.4 联轴器和离合器

在生产、生活中，有许多机器设备需要利用联轴器、离合器才能保证正常工作，如卷扬机、汽车、运输机械、重型机械等。

6.4.1 联轴器

联轴器是机械传动中的常用部件，其功用是连接两传动轴，使其一起转动并传递转矩，有时也可作为安全装置。例如卷扬机传动系统中，联轴器将电动机轴与减速器连接起来传递运动。在高速重载的动力传动中，有些联轴器还有缓冲、减振和提高轴系动态性能的作用。联轴器由两部分组成，分别与主动轴和从动轴连接。一般动力机大都借助于联轴器与工作机相连接。

用联轴器连接的两传动轴在机器工作时不能分离，只有在机器停止运转后，用拆卸的方法才能将它们分开。

联轴器按结构特点不同，分为刚性联轴器和挠性联轴器两大类。挠性联轴器可分为无弹性元件联轴器和有弹性元件联轴器两类。

刚性联轴器主要用于两轴要求严格对中并在工作中不发生相对位移的地方，结构一般较简单，容易制造，且两轴瞬时转速相同，主要有凸缘联轴器、套筒联轴器等。挠性联轴器主要用于两轴有偏斜或在工作中有相对位移的地方，根据补偿位移的方法又可分为无弹性元件联轴器和有弹性元件联轴器。无弹性元件联轴器利用联轴器工作零件间构成的动连接具有某

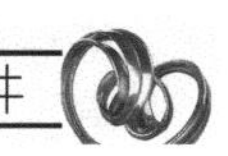

一方向或几个方向的活动度来补偿，如牙嵌联轴器（允许轴向位移）、十字沟槽联轴器（用来连接平行位移或角位移很小的两根轴）、万向联轴器（用于两轴有较大偏斜角或在工作中有较大角位移的地方）、齿轮联轴器（允许综合位移）、链条联轴器（允许有径向位移）等，有弹性元件联轴器利用弹性元件的弹性变形来补偿两轴的偏斜和位移，同时弹性元件也具有缓冲和减振性能，如弹性套柱销联轴器和弹性柱销联轴器。

下面介绍常用的几种。

1. 凸缘联轴器（图 6-13）

凸缘联轴器是将两个带有凸缘的半联轴器用普通平键分别与两轴连接，然后用螺栓把两个半联轴器连成一体，以传递运动和转矩。特点：构造简单，成本低，可传递较大的转矩，不允许两轴有相对位移，无缓冲。用途：在转速低、无冲击、轴的刚性大、对中性较好的场合应用较广。

2. 套筒联轴器（图 6-14）

套筒联轴器利用公用套筒，并通过键、花键或锥销等刚性连接件，以实现两轴的连接。套筒联轴器的结构简单，制造方便，成本较低，径向尺寸小，但装拆不方便，须使轴做轴向移动。适用于低速、轻载、无冲击载荷，工作平衡和上尺寸轴的连接。

图 6-13　凸缘联轴器

图 6-14　套筒联轴器

3. 万向联轴器（图 6-15）

万向联轴器有多种结构形式，例如，十字轴式、球笼式、球叉式、凸块式、球销式、球铰式、球铰柱塞式、三销式、三叉杆式、三球销式、铰杆式等。最常用的为十字轴式，其次为球笼式。在实际应用中根据所传递转矩大小分为重型、中型、轻型和小型。

4. 滑块联轴器（图 6-16）

滑块联轴器又名金属十字滑块联轴器，其滑块呈圆环形，用钢或耐磨合金制成，适用于转速较低，传递转矩较大的传动。十字滑块联轴器由两个在端面上开有凹槽的半联轴器和一个两面带有凸牙的中间盘组成。因凸牙可在凹槽中滑动，故可补偿安装及运转时两轴间的相对位移。滑块联轴器由两个轴套和一个中心滑块组成。中心滑块作为一个传递扭矩元件通常由工程塑料制成，特殊情况下可选择其他材料，比如金属材料。

5. 齿轮联轴器（图 6-17）

齿轮联轴器由齿数相同的内齿圈和带外齿的凸缘半联轴器等零件组成，具有良好的补偿性，允许有综合位移，可在高速重载下可靠工作，常用于正反转变化多、启动频繁的场合。

图 6-15　万向联轴器

图 6-16　滑块联轴器

6. 弹性套柱销联轴器（图 6-18）

弹性套柱销联轴器利用若干非金属弹性材料制成的柱销，置于两半联轴器凸缘孔中，通过柱销实现两半联轴器连接，该联轴器结构简单，容易制造，装拆更换弹性元件比较方便，不用移动两联轴器。弹性元件（柱销）的材料一般选用尼龙 6，有微量补偿两轴线偏移能力，弹性件工作时受剪切，工作可靠性极差，仅适用于要求很低的中速传动轴系，不适用于工作可靠性要求较高的工况，例如起重机械的提升机构的传动轴系绝对不能选用，不宜用于低速承重及具有强烈冲击和振动较大的传动轴系。

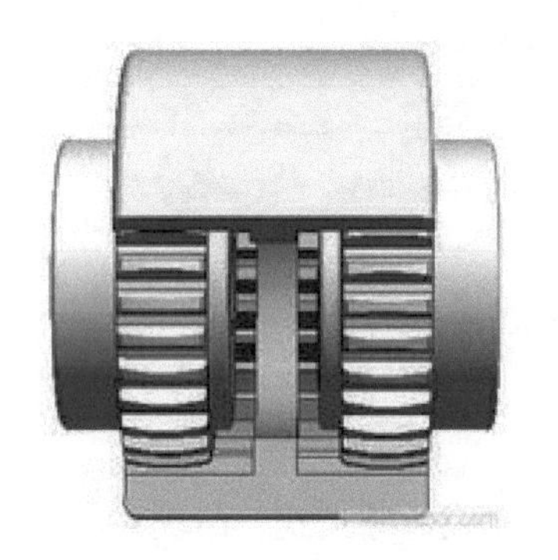

图 6-17　齿轮联轴器

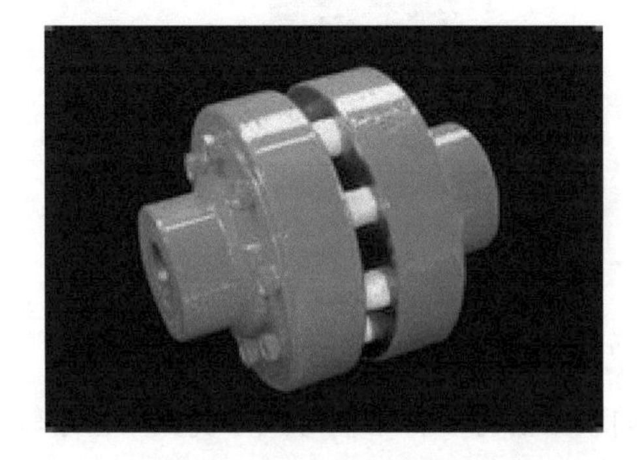

图 6-18　弹性套柱销联轴器

6.4.2　离合器

离合器安装在发动机与变速器之间，是汽车传动系中直接与发动机相联系的总成件。通常离合器与发动机曲轴的飞轮组安装在一起，是发动机与汽车传动系之间切断和传递动力的部件。汽车从起步到正常行驶的整个过程中，驾驶员可根据需要操纵离合器，使发动机和传动系暂时分离或逐渐接合，以切断或传递发动机向传动系输出的动力。它的作用是使发动机与变速器之间能逐渐接合，从而保证汽车平稳起步；暂时切断发动机与变速器之间的联系，以便于换挡和减少换挡时的冲击；当汽车紧急制动时能起分离作用，防止变速器等传动系统过载，从而起到一定的保护作用（图 6-19）。

离合器类似于开关，起接合或断离动力传递作用，离合器机构的主动部分与从动部分可

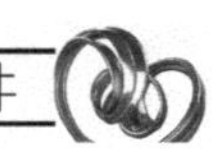

以暂时分离，又可以逐渐接合，并且在传动过程中还有可能相对转动。离合器的主动件与从动件之间不可采用刚性联系。任何形式的汽车都有离合装置，只是形式不同而已。离合器分为电磁离合器、磁粉离合器、摩擦式离合器和液力离合器。

电磁离合器靠线圈的通断电来控制离合器的接合与分离。磁粉离合器在主动与从动件之间放置磁粉，不通电时磁粉处于松散状态，通电时磁粉结合，主动件与从动件同时转动。优点：可通过调节电流来调节转矩，允许较大滑差。缺点：较大滑差时温升较大，相对价格高。摩擦离合器（图 6-20）是应用最广也是历史最久的一类离合器，它基本上是由主动部分、从动部分、压紧机构和操纵机构四部分组成。主、从动部分和压紧机构是保证离合器处于接合状态并能传动动力的基本结构，而离合器的操纵机构主要是使离合器分离的装置。在分离过程中，踩下离合器踏板，在自由行程内首先消除离合器的自由间隙，然后在工作行程内产生分离间隙，离合器分离。在接合过程中，逐渐松开离合器踏板，压盘在压紧弹簧的作用下向前移动，首先消除分离间隙，并在压盘、从动盘和飞轮工作表面上作用足够的压紧力；之后分离轴承在复位弹簧的作用下向后移动，产生自由间隙，离合器接合。

图 6-19　离合器

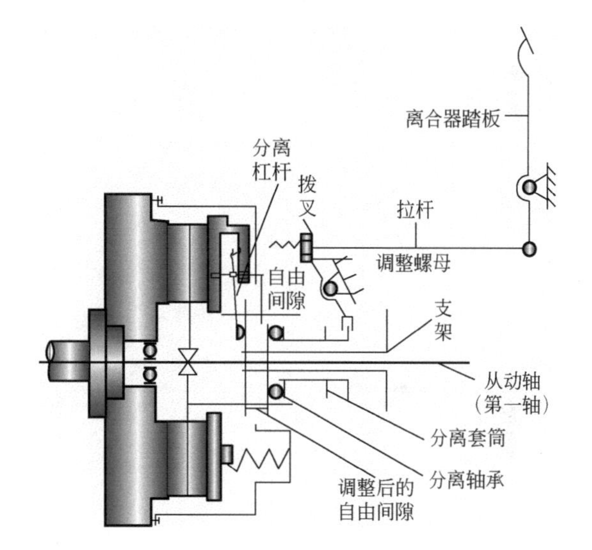

图 6-20　摩擦离合器工作图